Kinetics of L- Lactate : NAD Oxidoreductase and other Enzme Studies in sera of Children with Kalaazar

Prof. Dr. sami A.AL–Mudhaffar

Nazar R. AL–saffar

Part (I)

KINETICS OF LACTATE DEHYDROGENASE AND OTHER ENZYME STUDIES IN SERA OF PATIENTS WITH KALAAZAR (VISCERAL LEISHMANIASIS).

SUMMARY :

Serum glutamic pyruvic transaminase, glutamic oxalo-acetic transaminase, lactate dehydrogenase and hydroxyb-utyrate dehydrogenase were all elevated in Kalaazar, while creatine phosphokinase activity was lower than in normal controls.

Km values for pyruvate and 2-oxobutyrate were elevated to 0.195 mM and 3.32 mM respectively in kalaazar serum, while in the normal controls the values were 0.134 mM and 2.45 mM respectively . The heat stable and the chromatogra-phically separated heat sensitive isoenzymes had similar Km values in both normal and kalaazar sera.

INTRODUCTION

Kalaazar is an endemic disease in Iraq causing about 5000 new cases annually, infecting infants and children (age 4 months to 10 years) [1]. The causative organism is Leishmania donovani which harbours the Reticulo-Endo-thelial system (RES) in the liver , spleen and bone marrow causing their hypertrophy. [2]

Much research work has been done on the parasitolo-gical and biochemical aspects of the disease but only very little of it was concerned with the enzymological side. There was only a brief mention of a rise in the activity of serum glutamic - pyruvic transaminase (GPT) [3], glutamic-oxaloacetic transaminase (GOT) and lactate dehydrogenase (LDH) [4], in a variable percent of the patients with kalaazar.

So, the present study furnishes data concerning the effect of the disease on the activity of some clinically important serum enzymes. Since LDH with its various iso-enzymes can reflect the condition of all the effected organs mentioned above, a kinetic study of LDH is for-warded using the Beckman Enzyme Activity Analyzer System

TR after modifying its procedure to fit kinetic work.

MATERIALS AND METHODS :

Apparatus : All enzyme assays and kinetic studies were performed through a Beckman Enzyme Activity Analyser System TR ^{5}, at a temperature of 37°B .

Reagents : For the general activity measurements , the Enztrate Kit from Beckman (U.S.A) was used . As for the kinetic studies , nicotinamide adenine dinucleotide-reduced (NADH) was purchased from Fluka (Switzerland). Sodium pyruvate and sodium 2-oxobutyrate were from BDH (London). DEAE-Sephadex A-50 was obtained from Pharmacia Chemicals (Sweden). All other chemicals were of analytical reagent grade.

Clinical Material : Blood samples were obtained by veni-puncture and left to clot for two hours at room temperature, then the serum was separated by centrifugation at 3000 rounds per minute for 10 minutes .

Two types of samples were used :
1) 49 pathological samples were obtained from Baghdad Hospitals for untreated infants and children with

kalaazar, of an age group of 5 months to 5 years . The
diagnosis was based on bone marrow aspiration and clin-
ical examination .

2) 86 samples were obtained from healthy infants and
children (age 9 months - 5 years) attending the
maternal and child welfare units in Baghdad .

Enzyme Assays : The activity at $37^{o}C$ of the enzymes GPT,
GOT, creatine phosphokinase (CPK), LDH and Hydroxybuty-
rate dehydrogenase (HBDH), were measured in the normal
and pathological sera using Enztrate kit[5].

For all the kinetic studies , the method of Wróblewski
and La Due [6], for LDH assay, and that of Rosalki and
Wilkinson [7] for HBDH assay were modified to fit the
procedure of assaying in the Enzyme Activity Analyzer
at $37^{o}C$,

A 10 ml. incubation mixture was prepared in the
substrate bottle of the apparatus, containing 0.3 ml of
normal serum * and one of the substrates (NADH 0.192mM,

---

*Pathological sera were diluted with the buffer, so that
the change in absorbance per minute doesn't exceed 0.090
in absorbancy units.

sodium pyruvate 1.6 mM or sodium 2-oxobutyrate 17.07 mM,
then the volume was completed to 10 ml with 0.067 M
Sorenson's phosphate buffer, pH7.4 . This mixture was
incubated at room temperature for 20 minutes .

Different concentrations of the corresponding substrate
were loaded into the plastic cups of the apparatus (sodium
pyruvate 0,4-28,8 mM , sodium 2-oxobutyrate 3,2-288 mM or
NADH 0.08-3,84 mM).

The micropumps in the system mix 525 ul of the incuba-
tion mixture with 35 ul of the different concentrations of
the other substrate in the cell and the decrease in the
absorbance of NADH followed at 340 nm at 15 second inter-
vals for one minute . The activity was expressed in Inter-
national Units/liter (I.U./l),

Heat Fractionation of Serum LDH & HBDH :- The method of
Wróblewsky and Gregory [8] was modified so that the high
temperature used was $62^{\circ}C$ instead of $65^{\circ}C$. Also, the
heat stable LDH_1 was prepared according to the method of
Bell.[9]

Isolation of LDH$_5$ by Ion-Exchange Chromatography : The method of Bergermeyer [10] was modified to column chromatography, using a column 20 cm in length and 1cm in diameter, packed with DEAE Sephadex A-50 suspension to the length of 10 cm. Serum volums used were 3cc for the normal samples and 1cc for the pathological ones.

Elution was done with the buffer giving a flow rate of 1 ml/minute . One ml volume fractions were collected and assayed for LDH using the Enstrate kit, then the pH of the fractions showing peak LDH activity, was adjusted to 7.4 before starting the kinetic study .

RESULTS :

Table (1) shows the results of the general activity of enzymes in both pathological and normal sera. GPT level was elevated in 40% of the kalaazar cases, while GOT increased in 91.4% of them.

LDH and HBDH activities were very high in all the examined cases, while that for CPK was lower than the normal controls.

Effect of Substrate Concentration : The optimal substrate

concentrations for both LDH and HBDH in normal and patho-
logical sera were : 1.2 mM for pyruvate and 0.12 mM for
NADH in LDH, 15 mM for 2-oxobutyrate and 0.15 mM for NADH
in HBDH.

The Michaelis constant (Km) values were obtained
graphically using the direct linear plot[11]. The values
are presented in Table (2) , showing a marked increase in
Km values for both pyruvate (Fig. 2 & 3) and 2-oxobuty-
rate (Fig.8 , 9) in Kalaazar, while those for NADH (Fig.
6, 7) were very close in both types of sera.
Heat Fractionation of LDH and HBDH : The different ratios
for heat treated LDH and HBDH are shown in Table (3) pre-
senting a 100% increase in the heat sensitive isoenzyme
ratio for the pathological sera.

The Km values for the heat isolated LDH_1 were found
to be similar in both normal and Kalaazar sera (Fig. 14,
17). The percent decrease in Km value for the pathological
sera after heat treatment was 4 fold that for the normal
sera Table (4) .

LDH_5 which was isolated chromatographically showed

very similar Km values in both normal and pathological
sera Table (4).

DISCUSSION :

Although the liver is enlarged in the majority of
kalaazar cases, still the level of serum GPT, which is
more or less liver specific [12] , remains within normal
range in 60% of the patients . The parasite attacks
only the RES in the liver (Kuppfer cells), thus the
liver paranchyma is not effected at the beginning, but
with the progress of the disease and the extensive hyper-
trophy and hepatomegaly, the liver paranchyma is slowly
damaged, this accounts for the rise in GPT seen in some
of the patients.

The heat fractionation study shows a rise in the
slow moving isoenzymes (LDH_5 and LDH_4) in kalaazar. The
source being most probably the liver and spleen . This
can account for the increase in Km values for both LDH &
HBDH in the pathological sera since the slow moving iso-
enzymes have a higher Km value than the fast moving one[13].

In support of this, the Km values obtained for the

heat stable LDH_1 and for the chromatographically isolated LDH_5, were very close in both types of sera.

Table (1)

Serum enzyme activities measured at 37°C.

Enzyme	Normal serum I.U./1	Kalaazar serum I.U./1
GPT	2-35 (22.1±+9.3)	12-250 (56.2 ± 57.2)
GOT	20 - 48 (34.2±8.5	29-1204 (215.8±264.3)
CPK	24-138 (72.9±29.9)	4-100 (44 ± 23.3)
LDH	152-250 (205±20.2)	416-3850 (1247±723)
HBDH	210-345 (297±35.3)	549-5320 (1612±850)

Enzyme	Sample	Heat resistant $\dfrac{T62^0}{T}$	Heat sensitive $\dfrac{T - T55^0}{T}$	Fraction with intermediate heat stability. $\dfrac{T55^0 - T62^0}{T}$
LDH	Normal	0.576+0.06	0.074+0.01	0.35+0.04
LDH	Kalaazar	0.480+0.06	0.12+0.014	0.40+0.04
HBDH	Normal	0.73 +0.040	0.08+0.005	0.19+0.017
HBDH	Kalaazar	0.55 +0.035	0.07+0.005	0.38+0.025

Table (3)

Heat fractionation of LDH & HBDH

T = serum left at room temperature.

$T55^0$ = serum incubated at 55^0C for 30 minutes.

$T62^0$ = serum incubated at 62^0C for 30 minutes.

Table (4)

Km values for the heat stable LDH_1 and the chromatographically isolated LDH_5 at $37^{\circ}C$.

Iso-enzyme	Sample	Km mM			
		Pyruvate	% decrease in value*	2-oxobu-tyrate	% decrease in value*
LDH_1	normal	0.119 ± 0.007	11.2	1.86 ± 0.06	24
	Kalaazar	0.106 ± 0.006	45.7	1.80 ± 0.10	45.9
LDH_5	normal	0.304			
	Kalaazar	0.320			

*

$$\frac{Km\ before\ incubation - Km\ after\ incubation}{Km\ before\ incubation} \times 100$$

Sample	Km mM			
	Pyruvate	2-Oxobutyrate	NADH for LDH	NADH for HBDH
Normal	0.134± 0.0074	2.45±0.131	0.01294±0.000663	0.009656±0.000706
Kalàazar	0.195±0.0085	3.32±0.146	0.0135 ±0.000721	0.01010 ±0.000768

Table (2)

Km values for LDH and HBDH measured at 37°C

REFERENCES

1) WHO report EM/PD/7.

2) Wilckocks and Manson Bahr (1972) in Manson's Tropical Disease, 7th edition P.119-133.

3) Taj-Eldin, S., Nouri, L., Jawad, J. and Falaki, N. (1969), J. Fac. Med. (Bag.) 15, 72-85.

4) Caponetti, R., Cetà, G.(1966), Aagiornamento Pediat. 17(10),407-14.

5) Beckman's instructions 015-083603-A.

6) Wróblewski, F., and La Due, J.S.(1955),Proc. Soc. Exp. Biol. Med. 90,210.

7) Rosalki, S.B. and Wilkinson , J.H.(1960), Nature 188,1110.

8) Wróblewski, F. and Gregory, K.F.(1961), Ann.N.Y.Acad. Sci. 94,912.

9) Bell, R.L.(1963),Tech. Bull. Registry Med. Technologists 33(7),118.

10) Bergermeyer, H.U. (1974) in Methods of Enzymatic Analysis, 2nd ed., Vol. 2, pp.590-593, Academic Press Inc.,New York and London.

11) Cornish - Bowden, A. and Eisenthal , R. (1974), Biochem. J. 139,721.

12) Wilkinson, J.H(1976) in the Principles and Practice
     of Diagnostic Enzymology, p.93, Arnold, London.

13) Wilkinson, J.H., and Withycombe W.A.(1965), Biochem.
     J.97,663.

EFFECT OF pH AND INHIBITION STUDIES ON SERUM LACTATE DEHYDROGENASE IN CHILDREN WITH KALAAZAR (VISCERAL LEISHMANIASIS).

SUMMARY :

The increase in pH inhibited serum lactate dehydrogenase in a competitive way. K_s' for the enzyme inhibition, by high pyruvate concentrations, was higher in children with kalaazar than in normal controls and at all pH values. Urea inhibition indicated a rise in the slow moving isoenzyme fraction in the pathological serum. Oxalate inhibited both types of sera uncompetitively, while concentrations of urea, less than 1 M , inhibited them competitively.

INTRODUCTION :

Lactate dehydrogenase (LDH) is found in the various human and animal tissues as a variable ratio of five iso-enzyms that differ in their chemical, physical and immunological properties [1].

The pH effect on LDH_1 differs from that on LDH_5 [2]. High pyruvate concentrations inhibit the fast moving isoenzymes (LDH_1 and LDH_2) more than the slow moving LDH_4 and LDH_5 [3]. Oxalate has a similar effect on LDH [4],

Concentrations of urea (around 2 M) inhibit the slow moving isoenzymes, while at these concentration it does not effect the fast moving isoenzymes [5],

MATERIALS AND METHODS :

Apparatus : The Beckman Enzyme Activity Analyzer System TR was used for the kinetic work of enzymes . For pH studies, a Beckman Century SS-1 pH meter was used.

Reagents : Nicotinamide adenine dinucleotide - reduced (NADH) was obtained from Fluka (Switzerland) . Sodium pyruvate was from BDH (England) while potassium oxalate and Urea were purchased from Reidel Der Haen (Germany). All other chemicals were of Analytical Reagent Grade.

Clinical Material : Blood samples were obtained by veni-puncture and left to clot for two hours at room temperature.

then the serum was separated by contrifugation at 3000 rounds per minute for 10 minutes.

Two types of samples were used :

1) 49 pathological samples were obtained from Baghdad Hospitals for untreated infants and children with kalaazar, of an age group of 5 months to 5 years. The diagnosis was based on bone marrow aspiration and clinical examination.

2) 86 samples were obtained from healthy infants and children (age 9 months - 5 years) attending the maternal and child welfare units in Baghdad.

Enzyme Kinetic Assay :

a) pH effect and high substrate inhibition : The method of Wröblewski and La Due [6] was modified to assaying at $37^\circ C$ in a variety of pH values (4-9) obtained by using Britton Robinson Buffer [7].

All stock solutions were prepared in water. A 15 ml. incubation mixture was prepared containing 0.35 ml. of normal serum * and NADH 0.192 mM. The volume was

---

* Pathological sera were diluted so that the change in absorbance per minute did not exceed 0.090 in absorbancy units.

completed to 15 ml using the buffer prepared to the des-
ired pH value. The final pH value of the whole mixture was
measured , while 15 different concentrations of pyruvate
(0.267-288 mM) were loaded into the plastic cups of the
apparatus.

The micropumps of the apparatus mix 525 ul of the
incubation mixture with 35 ul of the substrate solution in
the cell. The decrease in absorbance of NADH was followed
at 340 nm at 15 second intervals for one minute . The
activity was expressed in international units per litre
(I.U./l).

b)   Urea and Oxalate Inhibition of Serum LDH : The method
suggested by Pauline and Wilkinson [5] was used to est-
imate the relative ratios of LDH isoenzymes in both
normal and kalaazar sera.

Kinetics of Oxalate and Urea Inhibition : 10 ml incubation
mixtures were prepared containing 0.3 ml normal serum *
while variable NADH concentrations were used (0.0384-0.192
mM) . Different oxalate concentrations (0-0.4267 mM) were
added to each NADH concentration, and the final volume was
completed to 10 ml with 0.067 M Sorenson's phosphate buffer

pH 7.4.

Different concentrations of sodium pyruvate were loaded into the plastic cups (0.8-28.8 mM), then the assay was continued as in (a).

For urea, the pH of the stock urea solution in phosphate buffer, was carefully adjusted to 7.4 with 0.067 M KH_2PO_4. The 10 ml incubation mixtures were similar to that of(b), but for containing only 0.192 mM NADH and the substitution of oxalate with urea (0-2.133 M).

RESULTS :

pH effect and High Substrate Inhibition on LDH:

The effects of pH on velocity and on Km are shown in (Fig. 18-23) . Using the Lineweaver and Burk plot [8], the effect of variation in substrate concentration on velocity showed the characteristics of competitive inhibition with the rise in pH from 6.2-7.4 (Fig. 24-25).

High pyruvate concentrations inhibited LDH in the normal sera (Fig. 26- 28) more than in the pathological ones (Fig. 27, 29) and at all pH values used. Table (1) shows that Ks', obtained by plotting $\frac{1}{v}$ versus (S) [9], are higher for the pathological sera and at all pH values.

Oxalate and Urea inhibition : Table (2) shows the inhibitory effects of 0.2 mM oxalate and 2 M urea on both types of sera. Oxalate inhibited them to a similar extent, while urea exerted 55% inhibition on the pathological serum in comparison to 37 % inhibition for the normal serum.

Oxalate inhibited LDH uncompetitively for pyruvate and NADH and in both types of sera (Fig. 33, 34). The inhibition constant Ki, obtained by the Dixon plot [10], was higher for the pathological serum (Table 3).

Urea inhibition on LDH in normal sera was uniform up till a concentration of 1 M(Fig. 38), after which the inhibition curve was inflicted upwards . For the pathological sera, the point of infliction started at 0.75 M urea and was much sharper than in the normal .

At concentrations below 1 M, urea inhibited LDH competitively.(Fig. 39 - 42) give the Ki shown in table (3) as obtained by the Lineweaver - Burk plot [8].

DISCUSSION :

The pK values obtained in this study indicate the presence of a histidine residue in the active centre of the enzyme. This was mentioned before for rabbit LDH[1] by Fritz [2] who also explained that the mechanism of action for LDH depended upon the presence of 2 active histidine residues in the active site.

The competitive nature of inhibition effecting the relation between velocity and substrate concentration with rise in pH (Fig. 24, 25) indicate that the substrate is being barred from attaching to the active centre , or is getting displaced out of it. A possible explanation is that the rise in pH, or in other words the rise in the hydroxyl ion concentration , leads to a change in the ionic state of the histidine residues rendering them incapable of binding the substrate molecules, thus we get the competitive type of inhibition.

It had been explained in a previous work [11] on LDH in kalaazar, that there was a rise in the slow moving isoenzyme ratio in the pathological sera leading to

- 23 -

an increase in Km values for total serum LDH . This has been further confirmed by the results in this work concerning the high substrate inhibition characteristics and the urea inhibition study.

Oxalate inhibited LDH in both types of sera in an uncompetitive way, as was mentioned for LDH$_1$ from beef heart [12].

Low concentrations of urea inhibited serum LDH in a competitive way , and this was proven for LDH from ox heart and from rabbit. skeletal muscles [13].

Table (1)

Ks for high pyruvate inhibition of serum LDH at different pH values, and at $37^{\circ}C$.

pH	Ks mM	
	Normal	Kalaazar
6.2	4.2	5.2
7.4	7.4	8.3
8.02	11.1	16.9

Table (2)

% inhibition of serum LDH by 0.2 mM oxalate and 2 M urea at $37^{\circ}C$.

Sample	% inhibition by oxalate *	% inhibition by Urea *
Normal	47.5 ± 2	37 ± 2
Kalaazar	45 ± 2	55 ± 3

$$* \quad \frac{\text{LDH activity without inhibition} - \text{Activity with inhibition}}{\text{Activity without inhibition}} \times 100$$

Table (3)

K_i' for oxalate and Ki for urea inhibition of LDH at $37^{\circ}C$.

Sample	Ki Oxalate mM		Ki Urea M
	Pyruvate $\frac{1}{V}$ vs.(I)	NADH $\frac{1}{V}$ vs.(I)	Pyruvate $\frac{1}{V}$ vs. $\frac{1}{(S)}$
Normal	0.1803±0.0067	0.166±0.004	1.895±0.152
Kalaazar	0.26 ±0.0063	0.231±0.005	2.576±0.143

REFERENCES :

1) Markert, C.L. and Appella, E.(1963), Ann. N.Y.
   Acad. Soi. 103,915.

2) Fritz, P.J.(1967), Science 150,364.

3) Plagemann, P.G.W., Gregory, K.E. and Wroblewski,
   F.(1961), Biochem. Z, 334,37.

4) Plummer, D.T. and Wilkinson, J.H.(1963),Biochem.
   J.87,423.

5) Pauline, M.E. and Wilkinson, J.H. (1965), J.Clin
   Path, 18,803-807.

6) Wróblewski, F., and La Due, J.S.(1955), Proc.
   Soc. Exp. Biol. Med. 90,210.

7) Britton-Robinson (1968) in Practical Polarography
   (J. Heyrovsky and P.Zuman eds.) p.179, Academic,
   London.

8) Lineweaver, H. and Burk , D.(1934), J.Amer. Chem.
   Soc. 56, 658.

9) Dixon, M. and Webb, E. (1966) in Enzymes, 2nd ed.,
   p.77, Longmann, London .

10) Dixon, M.(1953), Biochem.J.55,170.

11) Paper I, " Kinetics of Lactate Dehydrogenase and
    other Enzyme studies in Sera of Patients with Kalaazar
    (Visceral Leishmaniasis)."
    Nazar R. Al-Saffar & Sami A. Al-Mudhafar.

12) Novoa, W.B., Winer, A.D., Glaid, A.J. and Schwert,
    G.W. (1959), J.Biol. Chem. 234, 1143.

13) Withycombe, W.A., Plummer, D.T. and Wilkinson, J.H.
    (1965), Biochem. J. 94,384.

Part (II)

Introduction

١) ـ مرض الكالازار Kalaazar

الكالازار مرض مزمن تسببه طفيليات وحيده الخلية يطلق عليها ليشمانيا دونوفاني (Leishmania donovani)[1] والتي تهاجم انسجة الجهاز الشبكي الاندوثيلي (Reticulo - Endothelial System) . ينتشر المرض في الكثير من انحاء العالم وتتفاوت صفاته الوبائية والمرضية باختلاف المناطق الجغرافية ويتصف بحمى طويلة غير منتظمة مع تضخم في الطحال ، الكبد والغدد اللمفاوية احيانا يصاحبها انخفاض في عدد كريات الدم الحمراء والبيضاء .[2, 3]

أ ـ طفيلي اللشمانيا :ـ The Leishmania Parasite

طفيلي وحيد الخلية يعود الى مجموعة السوطيات الدموية (Haemo - Flagellates) وينتمي الى جنس (Leishmania) من العائلة (Trypanosomidea) ويكون بشكلين اولهما شكل (Amastigote) الدائري غير المسوط المسمى ايضا جسم (Leishman Donovan) ويتكاثر داخل خلايا الجهاز الشبكي الاندوثيلي للمظيف الفقرى . اما الشكل الثاني فهو المسوط (Promastigote) ويوجد في الجزء الوسطي والامامي من القناة الهضمية للحشرات المظيفة ذباب الرمل (Sand Fly).

الانواع المهمة طبيا من طفيليات جنس الليشمانيا ثلاث وتشمل[1] :—

١) — Leishmania tropica التي تسبب حبة بغداد (Baghdad Boil) باصابتها الجلد فقط وهي متوطنة في العـراق[4] ٠

٢) — Leishmania Brasiliensis وتصيب الجلد والانسجة المخاطيـة وهي غير موجوده في العراق ٠

٣) — Leishmania donovani يسبب هذا الطفيلي مرض الكالاازار وتوجد له اضـراب (strains) كثيرة تنتشر في مناطق مختلفة من العالـم تختلف بالاعراض السريرية للمرض التي تسببه وكذلك باصاباتها للمضيفـات الفقريـة المختلفة[2 و 3] ومن هذه الاضراب ضـرب الخرطوم ، الهند ، البحـر الابيض المتوسط ،كينيا ٠٠٠٠ الخ ويمكن تفريق هذه الاضـراب بطرق سيرولوجية[5] نظـرا لصعوبة الاعتماد على صفاتها الشكلية ٠

لم تجر دراسات تشخيصية كافيـة على الضـرب الموجود في العـراق ولكن هناك اعتقاد بوجود اكثر من ضـرب واحد للطفيلي في العراق[6] ٠

ب) — التوزيع الجغرافـي Geographical Distribution

ينتشر الكالاازار في كثير من انحاء العالم منها الهند ، الشرق الاوسط ،حوض البحـر الابيض المتوسط ، السودان ، كينيا وغيرها[7] ، لكـن تختلف صفات المرض وطرق معالجته باختلاف هذه المناطق ،لذا يقسـم

الكالاازار استنادا الى الاختلافات الجغرافية في اعراضه السريرية وصفاته الوبائية الى ثلاثة انواع[2,3] هي : ـ

١) ـ الكالاازار الهندى : ـ Indian Kalaazar

يصيب هذا النوع الاشخاص ذوى الاعمار من ١٠ ـ ٢٠ سنة والمظيف الخازن هو الانسان ، كما ويستجيب بصورة جيدة للعلاج بمركبات القصدير .

٢) ـ الكالاازار الافريقي African Kalaazar

يصيب هذا النوع الاشخاص ذوى الاعمار المماثلة للكالاازار الهندى ولكن المظيف الخازن له هو القوارض الصغيرة . امّا استجابته للعلاج بمركبات القصدير فهي قليلة ، لذا تستعمل مركبات Diamidines عوضا .

٣) ـ كالاازار منطقة البحر الابيض المتوسط Mediterranean Kalaazar

وهو يصيب الاطفال بصورة عامة فقط والمظيف الخازن له هي الحيوانات التي تعود الى العائلة الكلبية ويستجيب هذا النوع من الكالاازار الى المعالجة بمركبات القصدير بصورة جيدة .

يعتقد البعض[8] ان الكالاازار العراقي يشابه نوع البحر الابيض المتوسط وذلك استنادا الى بعض الاعراض السريرية والوبائية رغم كون المظيف

الخازن للمرض مجهول الهوية بعد .

ح) ـ انتقال المرض Transmission

المظيف الناقل لمرض الكالازار هو انثى حشرة ذباب الرمل العائدة الى جنس (Phlebotomus) ، اما نوعها فيختلف باختلاف المنطقة الجغرافية .[1,2]

تقوم الحشرة بامتصاص الدم من المظيف الفقري ، الموجودة فيه الطفيليات بالشكل غير المسوط (Amastigote) والتي تتحرر من خلايا الدم البيضاء المصابة الى داخل القناة الهضمية الوسطى للحشرة وتبدأ بالتكاثر حتى تصل الى البلعوم بالشكل المسوط (Promastigote) عند محاولة الحشرة المصابة اخذ وجبة الدم فانها تنقل الطفيليات المسوطة الى داخل جلد المظيف الفقري حيث تتحول داخل الخلايا العاشية الكبيرة (Macrophages) في الجلد الى الشكل غير المسوط وتبدأ بالتكاثر حتى تنفجر الخلية وتتحرر الطفيليات فيصل قسم منها الى الدم ومنه الى خلايا انسجة الجهاز الشبكي الاندوثيلي في الطحال الكبد ونخاع العظام .

هناك طرق اخرى نادرة لانتقال المرض مثل الانتقال الولادي[9] او عند اجراء عملية نقل الدم من شخص مصاب الى شخص سليم .

د) ـ المسح الوبائي للمرض في العراق Epidemiological Survey of Kalaazar in Iraq.

قام كالنز في عام ١٩١٦[10] بتشخيص مرض الكالازار في العراق وسجل تسع اصابات في مدينة بغداد اثبتها بفحص عينات بزل الطحال Splenic Puncture ، ولم تسجل بعدها اية اصابات اخرى حتى سنة ١٩٥٤ —

حينما شخص تاج الدين والالوسي[11] اربع حالات في منطقة بغداد ، كما ذكر كل من بشير[12] وكيرشمر[13] في نفس السنة حالات كالاازار اخرى في مدينة الموصل وفي سنة ١٩٥٦ شخص يرنكل[14] ثمانية عشر حالة في المنطقة الوسطى من العراق .

بداء عدد اصابات الكالاازار المشخصة بالازدياد بسرعة كبيره خلال العشر سنوات الاخيرة ، ولم يعرف بالضبط سبب هذه الزيادة الفجائية ! هل هي بسبب كفائة اكبر في التشخيص ، أم بسبب زيادة فعلية في عدد الاصابات ، أم لكلا السببين[15] !! ، وندرج ادناه نموذج من هذه الاحصائيات التي تشمل عدد الحالات المشخصة والمسجلة رسميا في قسم الكالاازار في مديرية الامراض المتوطنة[16] : —

السنة	عدد الاصابات
١٩٧١	٣٦٩
١٩٧٢	٤٨٨
١٩٧٣	١١٣٤
١٩٧٤	١٦٩١
١٩٧٥	٥٢٨
١٩٧٦	٦٦٨

اما العدد المقدر للاصابات الفعلية فيربو على حوالي خمسة آلاف حالة مرضية سنويا[15, 16] ، وسبب هذا التضارب بين عدد الحالات المقدرة سنويا وعدد الحالات المسجلة رسميا فيعود الى عدة أسباب منها درجة دقة التشخيص والاحصائيات الوبائية .

هـ) ـ الصفات الوبائية للمرض في العراق : ـ

Epidemiological Features of Kalaazer in Iraq

تشمل هذه الصفات الجنس، العمر ، وقت الاصابة ، مناطق انتشار المرض، المظيف الوسطي الناقل والمظيف الوسطي الخازن المرض : ـ

١) ـ الجنس : ـ تتراوح نسبة اصابة الذكور الى الاناث بالكالازار [17]
٨ر١ : ١ ـ ٥ر١ : ١ [18]

٢) ـ العمر : ـ

تتركز الاصابة بالمرض في السنة الاولى من عمر الطفل وتشمل حوالي ٤٥ ٪ من حالات الكالازار ، بينما تصل نسبة الاصابة خلال السبع سنوات الاولى من العمر الى ٩٩٪ منها [18] .

٣) ـ وقت الاصابة : ـ

يزداد عدد حالات الكالازار المشخصة في المستشفيات في شهري كانون الاول وآذار ، بينما تقل في بقية اشهر السنة وخاصة في فصل الصيف [8, 18, 19] ، واذا اخذنا بنظر الاعتبار مدة الحضانة للمرض والتي تبلغ ٣ ـ ٦ أشهر لوجدنا ان التوزيع الوبائي للمرض خلال أشهر السنة يتطابق مع انتشار حشرات ذباب الرمل بصورة عامة والتي تبلغ ذروة كثافتها في شهر ايلول [20] .

٤) ـ مناطق انتشار المرض : ـ

تشير الاحصائيات الوبائية الى ان ٧٠٪ من حالات الكالازار في العراق منتشرة في المناطق المحيطة بمدينة بغداد مثل المحمودية اليوسفية ، سلمان باك ، الراشدية ... الخ [8, 18] ، اما المحافظات الاخرى فتأتي حسب التسلسل التالي بالنسبة الى عدد الاصابات : ـ واسط ، ديالى ،

بابل ، قادسية ، ذي قار ٠

٥) ـ المظيف الوسطي الناقل للطفيلي L. donovani في العراق :

يعتقد البعض ان حشرة ذباب الرمل Phlebotomus papatasi تساهم كمظيف وسطي ناقل وذلك لوجودها بكثافة عاليه في مناطق انتشار المرض[14] ولكن هذا لم يثبت بشكل قاطع نظرا لعدم استطاعة الباحثين عزل الطفيلي من هذه الحشرة[20] ٠

٦) ـ المظيف الوسطي الخازن للطفيلي في العراق : ـ

اخفقت الكثير من الدراسات التي اجريت لمعرفة المظيف الوسطي الخازن لطفيليات (Leishmania donovani) فقد درست لهذا الغرض مجموعة كبيرة من الحيوانات مثل الكلاب[21-23] ، ابن آوى[23] ، الفئران[23-24] والجرذان السوداء[25] ، بينما اثبتت دراسة اخرى[26] امكانية اصابة بعض القوارض العراقية مختبريا بالكالاازار ٠

و) ـ الاعراض السريرية : ـ Clinical Manifestations of Kalaazar

تقدر فترة الحضانة بين وقت الاصابة بالمرض وظهور الاعراض المرضية ب ٣ ـ ٦ اشهر[2،3] وقد تمتد الى سنتين[26] ٠ اما الاعراض المرضية فتشمل حمى عالية مزمنة وغير منتظمة يرافقها انتفاخ تدريجي للبطن مع شحوب وضعف في الشهية[17-18] ويبين لنا الفحص السريري تضخم الطحال والكبد بينما تظهر على المصاب اعراض فقر دم شديد وانخفاض في مناعته مما يسهل اصابته بامراض اخرى كالسل والتهابات القصبات والامعاء ٠

ز) ــ التشــخيص : Diagnosis

يعتبر تشخيص مرض الكالا ازار موكــدا عند مشاهدة اجسام Leishman – Donovan في مسحة الدم او في احدى عينات الانسجة المصابــــة[2] التي يتم الحصول عليها بواسطة عملية البزل (Puncture) وتعتبر عملية بزل نخاع العظام ، المستخدمة حاليا في المستشفيات العراقية ، اقـــل خطورة من عمليتي بزل الطحال أو الكبــد اللتين يرتفع فيهما احتمال النزف. أمّا فحص مسحة الدم فأن النتائج الموجبة التي تعطيها قليلة جدا نسبيا .

يتم فحص جميع هذه العــينات بواحدة أو اكثر من الطرق التاليـــة[1,2] : ــ

١) ــ فرش العينة على شريحة زجاجية وصبغها بأحدى صبغات رومانوفسكــي ثم فحصها تحت المجهر للتعرف على الطفيليات داخل الخلايا .

٢) ــ زرع العينة في احدى الاوساط الزرعية الملائمة مثل وســـط N.N.N. (Nicolle , Novy , McNeil) وهذه الطريقة تعطي نتائج موجبــة بعد أسبوع وحتى اربعة أسابيع من بدأ الحضــن .

٣) ــ حقن العينة في حيوان الهامستر الذهبي ثم فحص الطحال والكبـــد بعد مدة تتراوح بين شهـر وستة أشهـــر .

هناك تحليلات مختبرية أخرى قــد تساعد على التشخيص[2] مثـــــل (Formal – gel Test) الذي يعتمد على ارتفاع تركيز الكلوبيولــــين في دم المصاب ، أو الاختبارات التي تعتمد على ظهور الاجسام المضـــادة في مصل المرضــى مثل (Compliment Fixation Test) أو Flourescent Antibody Test .

ح) ـ العـلاج : ـ Treatment

يبدأ علاج المريض بإعطائه غذاء عالي البروتين والفيتامينات وفي نفس الوقت تكافح الالتهابات الثانوية في القصبات او الامعاء ، ويفضل اجراء عملية نقل دم للمريض في حالات فقر الدم الشديد [3 و 7] . اما الادوية المستعملة لعلاج المرض فتشمل [27] : ـ

١) ـ مركبات القصدير الثلاثي التكافؤ : Trivalent Antimonials.

وقد اوقف استعمالها لاثارها السمية على القلب ، الكبد والكلى .

٢) ـ مركبات القصدير الخماسي التكافؤ : Pentavalent Antimonials

وهي ذات فعالية عالية واثار جانبية قليلة نسبيا وقد استعملت بنجاح كبير في العراق [16 , 17] خاصة انواع Sodium Stibogluconate.

٣) ـ مركبات الـ Diamidines

وهي مركبات عضوية ذات اثار جانبية كثيرة على الجهاز العصبي وتستعمل احيانا عند فشل مركبات القصدير في معالجة المرض او عند ظهور حساسية عند استعمالها .

٤) ـ المضادات الحياتية : ـ Antibiotios

تستعمل احيانا مادة Amphotereoin B لعلاج بعض حالات الكالازار المستعصية ، ولهذه المركبات اثار سمية خطيرة خاصة على الكلى .

٢) ـ الكيميـاء الحياتية ومرض الكالازار : Biochemistry and Kalaazar

تتكاثر طفيليات ال Leishmania donovani في اجهزة حيوية مختلفـة في جسم الانسان كالكبد والطحال ونخاع العظام ، وتؤدي الى حصـول تغييرات مرضيـة تؤثر على سير العمليات الحياتية في هذه الاحشاء المصابة وينعكس تأثيرها عندئذ على الجسم كله ، وعليه فان دراسة هذه التغييرات الكيميـائيه الحياتية في السوائل البيولوجية وفي الاعضـاء نفسها يمكنهـا ان توضح لنا اثر الطفيلي على الخلايا المختلفة ورد فعل هذه الخلايـا تجاه الطفيلي اضـافة الى فوائد هذه الدراسات للاغراض التشخيصيـة والعلاجيـة .

لا تتوفر معلومات كافية عن التغيرات الكيميائية الحياتية في مختلف السوائل البيولوجية للاشخاص المصابين بالكالازار ، وفيما يلي سرد لما جاء فـي الادبيات وفي تقرير WHO المرسل الينا حول الموضوع[28] .

أ) ـ اللكترولايتات مصل الدم : Serum Electrolytes

اجريت عدة ابحاث حول التغيرات التي تحصل في اللكترولايتات مصـل الدم للاطفال المصابين بالكالازار في ايطاليا (ضرب البحر الابيـض المتوسط) فوجد انخفاض في تركيز المغنيسيوم[29] (٨ر١ ـ ٤ ر٢ مغم ٪) مع انخفاض في تركيز الكالسيوم[30, 31] (٤ ر٨ ـ ٥ ر٩ مغم ٪) بينما ارتفـع تركيز النحاس[32] (٢٤ ـ ٨٩ مايكروغرام ٪) عن قيمته الطبيعية (٢٠ ـ ٢٥ مايكروـ غرام ٪) وكذلك ارتفع تركيز الحديد في مصل الدم الى ١٤٢ ـ ٢٤٥ مايكروـ غـرام ٪[33] .

ب) ـ بروتينات مصل الدم Serum Proteins

ذكر تاج الدين[17] ان تركيز البروتينات الاجمالي في مصل الدم للاطفال المصابين بالكالازار اظهر انخفاضا ملموسا في ٧١٪ من الحالات المرضية ، كما واظهرت عملية الهجرة الكهربائية وجود ارتفاع كبير في نسبة الغلوبيولين مع انخفاض في نسبة الالبيومين ، وقد ظهرت نتائج مماثلة لما جاء اعلاه ضمن الابحاث التي اجريت على الاطفال المصابين بالكالازار في ايران[34] ولم تذكر في جميع هذه الابحاث طرق قياس البروتينات او طريقة الهجرة الكهربائية المستعملة ، كما ولم تذكر قيم ونسب التغيرات في البروتينات المختلفة في مصل الدم .

اظهرت الدراسة التي اجريت[35] على تسع حالات من الكالازار بعمر (١٠ ـ ٢٠ سنة) في الهند حصول ارتفاع في تركيز البروتينات الكلي في مصل الدم حسب طريقة (Microkjeldahl) . اما عملية الهجرة الكهربائية للبروتينات والتي اجريت على الورق (Paper Electrophoresis) فقد اوضحت حصول انخفاض شديد في تركيز الالبيومين مع ارتفاع في تركيز الكلوبيولين ، بينما اظهرت دراسة اخرى اجريت على مرضى الكالازار (بعمر ١٠ ـ ٢٠ سنة) في السودان[36] حصول انخفاض في تركيز البروتينات الكلي في الدم حسب طريقة (Biuret) لقياس البروتينات .

ج) ـ التغيرات في صورة الدم : Blood Picture Changes

اشار تاج الدين[8] الى حدوث انخفاض شديد في عدد كريات الدم الحمراء في دم الاطفال المصابين بالكالازار يصل الى اقل من ٥ر٢ مليون كرية/ملم ٣ في ٥٦٪ من الحالات المرضية التي تمت دراستها ، ويواكبها انخفاض تركيز الهيموكلوبين مقاس حسب طريقة Sahli الى اقل

من ٥٠٪ في ٩٥ ٪ من الحالات ، وقد ذكران سبب انخفاض عدد كريات الدم الحمراء يعود الى سرعة تكسر الخلايا بسبب فرط الطحالية (Hypersplenism)[37] .

اما بالنسبة لخلايا الدم البيضاء فقد انخفض عددها في ٥٤٪ من الحالات الى اقل من ٥٠٠٠ خلية / ملم ٣ مع ظهور زيادة نسبية في عدد الخلايا اللمفية (lymphocytes)[17, 8] في ٦٤ — ٧٦٪ من الحالات المرضية وكذلك ارتفاع نسبة الخلايا الوحيدة النواة (Monocytes) في ٧٪ من الحالات ، كما ذكر ايضا انخفاض عدد صفيحات الدم الى اقل من ١٠٠٠٠٠ صفيحة / ملم ٣ في ٤٧ — ٧٥٪ من الحالات المرضية[8, 17] .

د) — انزيمات مصل الدم Serum Enzymes

احريت بعض الدراسات الاولية حول فعالية الانزيمين GOT و GPT في مرض الكالاازار ، فقد اشار تاج الدين[17] الى حدوث ارتفاع في نشاط الانزيم GPT في ٢٨ ٪ من حالات الكالاازار التي شملتها الدراسة والبالغ عددها ٣٢ حالة ، ولم تذكر في هذه الدراسة طريقة القياس ولا قيم نشاط الانزيم . اما رسام والجبوري[38] فقد اشاروا الى حصول ارتفاع في نشاط الانزيم GOT (٦٠ وحدة دولية) في مصل دم رجل بالغ اثبتت اصابته بالكالاازار ، وهذه النتائج القليلة تمثل كل ما جرى من ابحاث حول التغيرات الانزيمية في مرضى الكالاازار في العراق ، كما تمثل نظرة أولية للموضوع بالنسبة للطريقة المستعملة .

أجريت ابحاث قليلة حول الانزيمات التي تتاثر في مرضى الكالاازار في مناطق مختلفة من العالم : ففي تركيا[39] وجد ارتفاع في نشاط الانزيم GPT في مصل الاطفال المصابين بالكالاازار في حالتين من مجموع ٣٣ حالة حيث تراوحت فعالية الانزيم بين ١٩٠ — ٢٢٠ وحدة ، كما وجد أيضا ارتفاع في

نشاط الانزيم GOT في ٣٣٪ من هذه الحالات بفعالية تراوحت بين ١٧٢ ـ ٢٨٠ وحدة . امّا في ايران[34] فقد ارتفع نشاط الانزيم GOT في مصل ستة اطفال من اصْل ثمانية مصابين بالكالاازار وتراوحت الفعالية بين ٨٤ ـ ١٨٠ وحده ، ولم تذكر في[40] هذه الابحاث طريقة القياس ولا نوع الوحدات المستعملة . اما في ايطاليا فقد اجرى بحث شمل عشرة اطفال اصيبوا بالكالاازار ووجد عندهم ارتفاع فعالية انزيمات مصل الدم GPT (٦ ر٧٦ وحدة) ، GOT (٥ ر١٠٥ وحدة) و LDH (٧ ر٧١ وحدة) هذا ولم يذكر المصدر طريقة القياس ولا نوع الوحدات المستعملة .

يتوضح لنا مما ذكر اعلاه ان الدراسات التي اجريت على نشاط الانزيمات المختلفة في مصل الدم محدودة جدا ومبهمة ، لذا فقد قمنا في هذا البحث بدراسة اثر المرض على بعض الانزيمات الشائع استعمالها للاغراض التشخيصية مثل GPT ، GOT ، CPK ، LDH ، HBDH ، وبما ان كافة الاحشاء المصابة بالطفيليات في هذا المرض غنية بالانزيم LDH ، لذا فقد تركز اهتمامنا على دراسة هذا الانزيم وخاصة الصفات الحركية له في هذا المرض ، والتي لم نجد لها نظيرا في الادبيات مطلقا وقبل ان نبدأ بسرد تجارب البحث يجدر بنا ان نلخص بعضها ذكر في ادبيات الكيمياء عن هذا الانزيم .

٣) - المسح العلمي للانزيم المؤكسد لحمض اللاكتيك LDH :-

يحفز الانزيم المؤكسد لحمض اللاكتيك التفاعل التالي بالاتجاهين الامامي والعكسي[41] :-

$$(L)\text{Lactic Acid} + NAD^{+} \overset{LDH}{\rightleftharpoons} \text{Pyruvic Acid} + NADH + H^{+}$$

ويقع هذا التفاعل ضمن الخطوة الاخيرة للتفاعلات الحالة للسكر (Glycolytic cycle) واهمية الانزيم تظهر عند تحفيزه التفاعل بالاتجاه العكسي فتنتج الطاقة بشكل ATP وبدون الحاجة الى اوكسجين ، اما بالنسبة للتفاعل بالاتجاه الامامي فانه يزود الخلايا بحمض البيروفيك الذى تستمر عملية اكسدته في تفاعلات حمض الستريك (Citric Acid cycle) لانتاج الطاقة باستعمال الاوكسجين[42] .

ا) - متناظرات الانزيم LDH : LDH Isoenzymes :

للانزيم LDH خمس متناظرات يتكون كل منها من اربع وحدات جزيئيه[43] [44] متكونة من احدى سلسلتين ببتيديتين مختلفتين كيمياويا ووراثيا[45] [43] ويعرفان بالحرفين M و H ، وقد رقمت متناظرات LDH حسب سرعة حركتها نحو القطب الموجب في عملية الهجرة الكهربائية من LDH_1 وحتى LDH_5

وجد متناظر آخر للانزيم LDH في خصية الانسان البالغ وفي الحيوانات المنوية يدعى LDH_x[46] وله مركز في الهجرة الكهربائية بين LDH_3 و LDH_4 ، عدا هذا فان صفاته ومميزاته بصورة عامة تشابه تلك للمتناظر LDH_1[47] .

ب) ـ انتشار المتناظرات في الانسجة :

Tissue Distribution of LDH Isoenzymes .

يختلف انتشار متناظرات الانزيم LDH في الجسم باختلاف الانسجة ووظائفها وحالتها الصحية ، ففي الحالة الطبيعية للانسجة البشرية يتواجد المتناظران LDH_1 و LDH_2 السريعي الحركة بصورة رئيسة في عضلات القلب[48] ، الكلى[49] ، الدماغ[50] وكريات الدم الحمراء[49] ، بينما يتركز المتناظر LDH_3 بصورة رئيسة في انسجة الغدة الدرقية ، الغدة الكظرية ، الغدد اللمفاوية ، البنكرياس ، الطحال[51] ، الغدة التوثية[52] وخلايا الدم البيضاء[53] . اما بالنسبة للمتناظرين LDH_4 و LDH_5 فهما موجودان بصورة رئيسة في الكبد والعضلات الهيكلية[51, 52] .

يحتوى مصل الدم على كافة المتناظرات الخمسة بنسب مختلفه اكبرها هو المتناظر LDH_2 وتليه المتناظرات LDH_1 و LDH_3 ، اما LDH_4 و LDH_5 فيتواجدان بكميات قليلة جدا[54] .

ج) ـ الاهمية السريرية والتشخيصيه لمتناظرات LDH :ـ

Clinical and Diagnostic Importance of LDH Isoenzymes.

بالرغم من ان العديد من الامراض تؤدى الى زيادة مستوى الانزيم LDH في مصل الدم ، الا ان الاهمية التشخيصية له لم تتوضح الا عندما بدأ الاهتمام بقياس فعالية ونسب المتناظرات المختلفة في مصل الدم[55] لهذه الامراض فقد استعمل ارتفاع نشاط المتناظرات LDH_1 و LDH_2 لتشخيص حالات احتشاء العضلة القلبية[56,57] ولتفريقهما عن حالات الذبحة الصدرية اوالتهاب شغاف القلب[58] . اما بالنسبة لامراض الكبد فترتفع نسبة المتناظرات البطيئة الحركة LDH_4 و LDH_5 في جميع حالات تلف خلايا الكبد كما في التهاب الكبد الفيروسي ، وقد استعملت هذه الصفة للتفريق بين يرقان خلايا الكبد واليرقان الانحلالي (Haemolytic Jaundice[59]) .

تحدث ارتفاعات مثيرة في فعالية الانزيم LDH ونسب المتناظـــــــرات.
LDH_1 و LDH_2 في حالات فقر الدم الخبيث (Pernicious Anaemia)[60]
وفقر الدم ضخم الارومة (Megaloblastic Anaemia)[61,62]
بينما يكون الارتفاع في فعالية الانزيم قليلا في فقر الدم الانحلالي ومعدوما
في فقر الدم بسبب عوز الحديد[50].
كذلك استعملت التغيرات في فعالية الانزيم LDH وتغيرات نســـب
متناظراته المختلفة في دراسة ومتابعة بعض امراض العضلات مثل السغـــل
العضلي المتقدم (Progressive Muscular Dystrophy)[62] وفـــي
الامراض الورمية[63,64] وبدرجة اقل في امراض الكلى[65].

د) ـ الصفات الحركية للانزيم LDH ومتناظراته

Kinetic Parameters for LDH and its Isoenzymes.

ذكرت الخواص الحركية للانزيم LDH ومتناظراته في مقدمة رسالة الســيدة
رسام[66] وقد شملت هذه المقدمة خصوصيــة مواد الأساس الاخرى عدا حمضي
البيروفيك واللاكتيك لـ LDH ومتناظراته مثل احماض ٢ ـ اوكسوبيوتريك[67]،
٢ ـ هيدروكسي بيوتريك بالشكل الفضائي (L)[68]، الفلوروبيوتريك، الفلورو ـ
لاكتيك والكلايوكسليك[70]، وذكر ايضا الاختلاف في قيم Km لحمضـي البيروفيك
واللاكتيك للمتناظرات المختلفة[71,72] بحيث تكون هذه القيم منخفضــة للمتناظر LDH_1
ومرتفعة للمتناظر LDH_5[43]، وبحثت المقدمة كذلك حساسية LDH_5 لدرجـــات
الحرارة المرتفعة والمنخفضــة ومقاومة LDH_1 لها[73,74]، وذكرت بعض المــواد
الكيميائية التي تحمي المتناظرين من تاثير الحرارة عليهما مثل حمضـــــي
الاوكزالواسيتيك والماليك للمتناظر LDH_5 والمادتين NADH و Fructose
1,6 diphosphate للمتناظرين LDH_1 و LDH_5[75].
درس اثر درجة الأس الهيدروجيني[76] على LDH_5 فاوجدت له درجـــة

اُس هيد روجيني مثلى هي ٨ ر٦ في ٣٧°م عند استعمال حمض البيروفيك، بينما لم تظهر درجة اُس هيدروجيني مثلى لـ LDH_1 بين ٢ ر٦ — ٨ ، وبصورة عامة تكون درجة الاُس الهيدروجيني المثلى لـ LDH عند تحفيزه التفاعل — بالاتجاه الامامي بين ٢ ر٨ — ٩ر٨ ، بينما تنخفض في التفاعل العكسي الى اقل من درجة التعادل [77]. كذلك ذكر اثر التراكيز المرتفعة لحمض البيروفيك [73] او حمض اللاكتيك [73] التي تكبت LDH_1 بصورة اكبر من LDH_5 ، ودرس ايضا الاثر الكبتي للمواد الناتجة من التفاعل (حمضي اللاكتيك او البيروفيك) [78] التي تكبت LDH_1 اكثر من LDH_5 ، بالاضافة الى الاشارة لاثر الكوابت الاخرى على المتناظرات المختلفة مثل حمض الستريك [79] ، حمض الاوكزالواسيتيك [80] ، ايون الكبريتوز والبوريا [81] ، الاوكزامات [82] ، الاوكزالات [83] ، (Nucleotides [84]) .

يدل المسح العلمي لحركة LDH على عدم وجود دراسات عن اثر الامراض المختلفة على الخواص الحركية للانزيم ومتناظراته في المصل [66] ، عدا الرسالة المذكوره اعلاه والتي شملت دراسة حركة الانزيم LDH في مصل مرضى سرطان الدم والاصحاء العراقيين .

امّا بالنسبة لمرض الكالازار الذي يعتبر من امراض الاطفال الشائعة في العراق فلا توجد دراسات انزيمية وافية عنه سواء كان ذلك في الانسجة المتنوعة او في السوائل البايولوجية المختلفة مما يصعب اعطاء تفسيرات واضحة لكثير من التغيرات السريرية التي تحصل للاطفال المصابين به ، لذا ارتأينا في هذه الرسالة دراسة الانزيم LDH في المصل باعتباره مهم طبيا وله دور حياتي واضح من ناحية حركته ومتناظراته وكذلك متابعة نشاط بعض الانزيمات الاخرى ذات الاهمية الطبية مثل GOT ، GPT ، CPK ، HBDH .

تجـــارب البحـــث

١) ـ المواد المستعملة : Materials

وتشتمل المواد المستعملة في البحث على المواد الكيميائية ، العينات والاجهزة .

أ) ـ المواد الكيميائية : ـ Chemicals

وتشمل المواد الاساس للانزيمين LDH و HBDH فقد استوردت مادتي Sodium pyruvate و Sodium 2-Oxo-Butyrate من شركة BDH ومادة NADH من شركة Fluka ، أمّا مادة DEAE - Sephadex A-50 فقد اشتريت من شركة Pharmacia ، استوردت كافة المواد الكيميائية الاخرى من شركة Reidel der Haen ما عدا الطاقم الكيمياوي الجاهز للانزيمات LDH ، HBDH ، CPK ، GOT ، GPT فقد استورد من شركة Beckman .

ب) ـ العينات : Specimens

تم استعمال (٨٦) عينة دم طبيعية من الاطفال الاصحاء المراجعين في مركز رعاية الامومة والطفولة في الشيخ عمر ـ بغداد ، بأعمار تتراوح بين تسعة أشهر و خمس سنوات والذين تم فحصهم من قبل اطباء المركز للتأكد من كونهم في حالة صحية جيدة . وكذلك تم الحصول على (٤٩) عينة دم من الاطفال المصابين بحمى الكالاازار قبل البدء بعلاجهم ، من مستشفيات بغداد : الطفل العربي ، اليرموك الكاظمية وحماية الاطفال وقد تم تشخيص اصابتهم بالمرض من قبل الاطباء الاختصائيين .

تم سحب عينة الدم بمقدار ٥ سم٣ من الوريد الوداجي الخارجي

(External Jugular Vein) في عنق الطفل بواسطة حقنــــة بلاستيكية معقمة بأشعة كاما (Gamma-Irradiated Disposable Syringes) وبعدها ينقل الدم الى انبوبة طرد مركزي (Centrifuge tubd زجاجية جافة ونظيفة وتحفظ العينة في درجة حرارة الغرفة ليتم تخثر الدم ، بعدها توضع الانبوبة في جهاز الطرد المركزي (Centrifuge) وتعرض لسرعة ٣٠٠٠ دورة في الدقيقة ليتم فصل مصل الدم عن الخثرة ۰ وقــد اجريت التجارب على هذه العينات في نفس اليوم الذي تم الحصول عليها ۰

ج) ـ الاجهــزة المستعملــة :ـ Instruments

استعملت الاجهزة التالية للاغراض المتعددة المذكورة في حقــل التجارب وهــي :ـ

١) ـ جهاز الطرد المركزي نوع Janetzki T 32o لفصل المصــل من الدم المتخثر بالسرعة المذكورة اعلاه ۰

٢) ـ مقياس درجة الأس الهيدروجيني Beckman Century SS-1 pH meter لمعرفة وتثبيت درجة الأس الهيدروجيني للمنظمات والمحاليل الاخرى المذكورة ۰

٣) ـ حمام مائي نوع Laboratory thermo-Equipment

٤) ـ الجهاز المحلل للانزيمات نوع Beckman-Enzyme Activity Analyzer System TR واستعمل لقياس فعالية وحركة الانزيمات المتعدده فــي مصل الدم في درجة حــرارة ٣٧ م ۰

يتكون الجهاز من مطياف ذو موجتين ٣٤٠ و ٤٠٤ نانومتر تستعمــل الاولى لمتابعة تفاعلات التأكسد والاختزال عند استعمال مادتـــي NAD^+ و NADH لقياس فعالية الانزيمات HBDH ، LDH ، CPK ، GPT ، GOT بينما تستعمل الموجة الثانية لقياس فعالية الانزيم AP عند استعمــال

مادة الاساس p-nitrophenyl phosphate .

يحتوى الجهاز على اقداح بلاستيكية تركب على اسطوانه دواره وتوضع فيها عينات المصل ، كما توجد في الجهاز قنينتان الاولى تحتوى على ماء مقطر لغرض الغسل والثانية تحتوى على المواد الاساس للانزيمات .

تسحب عينات المصل ومحلول المواد الاساس بواسطة مضخات دقيقة تسحب من الاقداح البلاستيكية ٠٣٥ ر٠ سم٣ من المصل وتسحب من قنينة المواد الاساس ٥٢٥ ر٠ سم٣ ويتم خلط الحجمين في خلية الجهاز بواسطة هزاز كهربائي فيكون الحجم النهائي لمحلول التفاعل ٥٦ ر٠ سم٣ .

يتم قياس فعالية الانزيم بواسطة آلة حاسبة في الجهاز تحول سرعة تغير الامتصاص لمادة NADH في موجة ٣٤٠ نانومتر او الناتج (p-nitrophenol) في موجة ٤٠٤ نانومتر الى وحدات دولية/لتر تطبع على شريط ورقي ملحق بالجهاز .

تحسب فعالية الانزيم بواسطة الجهاز حسب المعادلة التالية :

$$\text{عدد الوحدات الدولية / لتر} = \text{التغير في الامتصاص/ دقيقة} \times \frac{١٠^{٦}}{٢٢ ر٦ \times ١٠^{٣}} \times \frac{\text{حجم محلول التفاعل}}{\text{حجم عينة المصل}} \times \text{معامل الحرارة} \times \text{طول مسار الضوء}$$

حيث ان ٢٢ ر٦ × ١٠^{٣} تمثل معامل الامتصاص الجزيئي الغرامي لمادة NADH في طول موجة ٣٤٠ نانومتر ، ويكون حجم محلول التفاعل هو ٥٦ ر٠ سم٣ بينما يكون حجم عينة المصل هو ٠٣٥ ر٠ سم٣ ، اما معامل الحرارة فيساوى ١ وطول مسار الضوء يساوى ١ سم .

عند قياس AP يستعمل معامل الامتصاص الجزيئي الغرامي لمادة p-nitrophenol في طول موجة ٤٠٤ نانومتر والذى يساوى ٨ ر١٨× ١٠^{٣} .

٢) ـ التحاليل المستعملة : ـ Methods

أ) ـ قياس نشاط LDH ، HBDH ، GPT ، GOT و CPK في

أمصال الاطفال الاصحاء والاطفال المصابين بالكالازار في درجة ٣٧° م : ـ

استعمل في هذه التحاليل الجهاز المحلل للانزيمات والطاقم الكيمياوى الجاهز لكل انزيم منها[77] .

١) ـ قياس نشاط LDH : ـ

وتعتمد على قياس سرعة الزيادة في امتصاص مادة NADH المتكونة من اكسدة حمض اللاكتيك بواسطة مادة NAD^+ حسب المعادلة التالية : ـ

$$(L)\ \text{Lactic Acid} + NAD^+ \rightleftharpoons \text{Pyruvic Acid} + NADH + H^+$$

وقد استعملت التراكيز المثالية لمواد الاساس في محلول التفاعل حيث كان حمض اللاكتيك ذو الشكل الفضائي (L) موجودا بتركيز ٩١ ر٤٤ من $\frac{1}{1000}$ من وزنه الجزيئي الغرامي ، ومادة NAD^+ بتركيز ٧٢ ر٥ من $\frac{1}{1000}$ من وزنها الجزيئي الغرامي ، كما وقد استعمل المنظم (Tapps) بدرجة اس هيدروجيني ٥٥ ر٨ ± ٢ ر٠ في ٣٠° م .

٢) ـ قياس نشاط HBDH[85] : ـ

وتعتمد على قياس سرعة الانخفاض في امتصاص مادة NADH عند اختزالها حمض ٢ ـ اوكسوبيوتريك حسب المعادلة التالية : ـ

$$\text{2-oxo-butyrate} + NADH + H^+ \rightleftharpoons \text{(L)2-Hydroxy-butyrate} + NAD^+$$

وقد استعملت التراكيز المثالية التالية في محلول التفاعل : حمض ٢ ـ اوكسو ـ بيوتريك بتركيز قدره ١٤ ر١٨ من $\frac{١}{١٠٠٠}$ من وزنه الجزيئي الغرامي ومادة NADH بتركيز ١٩٧ ر٠ من $\frac{١}{١٠٠٠}$ من وزنها الجزيئي الغرامية اما منظم الفوسفات فقد كان استعماله بدرجة اسهيدروجيني تساوى ٤ ر٧ ± ١٥ ر٠ في ٣٠ م° .

٣) ـ قياس نشاط GPT [86]:

وتعتمد الطريقة على قياس سرعة الانخفاض في امتصاص مادة NADH عند اختزالها الناتج حمض البيروفيك بوجود الانزيم LDH وفق المعادلات التالية : ـ

$$\text{(L) alanine} + \text{2-oxoglutarate} \underset{}{\overset{\text{GPT}}{\rightleftharpoons}} \text{Pyruvate} + \text{(L)glutamate}$$

$$\text{Pyruvate} + \text{NADH} + H^{+} \overset{\text{LDH}}{\rightleftharpoons} \text{(L) Laotate} + NAD^{+}$$

وقد استعملت التراكيز المثالية التالية للمواد الاساس في محلول التفاعل : ـ

اسم المادة	التركيز
(L) alanine	٨١ ر١٦٧ من $\frac{١}{١٠٠٠٠}$ من الوزن الجزيئي الغرامي
2-exoybutyrate	٧٤ ر٦ من $\frac{١}{١٠٠٠}$ من الوزن الجزيئي الغرامي
NADH	٢٠٢٥ ر٠ من $\frac{١}{١٠٠٠}$ من الوزن الجزيئي الغرامي
LDH	١٨٧٥ وحدة دولية / لتر في ٣٠ م° .

وقد استعمل منظم الفوسفات بدرجة اسهيدروجيني قدرها ٤ر٧ ± ١٥ ر٠ في ٣٠ م° .

٤) ـ قياس نشـاط GOT :

وتعتمد الطريقة على قياس سرعة الانخفاض في امتصاص مادة NADH عند اختزالها الناتج Oxaloacetate بوجود الانزيم MDH وحسب التفاعلات التاليـة : ـ

$$\text{(L) Aspartate} + \text{2-oxoglutarate} \xrightleftharpoons{GOT} \text{Oxaloacetate} + \text{glutamate}$$

$$\text{Oxaloacetate} + \text{NADH} + H^{+} \xrightleftharpoons{MDH} \text{Malate} + NAD^{+}$$

وقد استعملت التراكيز المثالية التالية للمواد الاساس في محلول التفاعل :

اسم المـادة	التركيز
(L) Aspartic Acid	٦٢٥ ر١٢٥ من $\frac{١}{١٠٠٠}$ من الوزن الجزيئي الغرامي
2-Oxoglutarate	٦ر٧٤١ من $\frac{١}{١٠٠٠}$ من الوزن الجزيئي الغرامي
NADH	٢١٧٥ر٠ من $\frac{١}{١٠٠٠}$ من الوزن الجزيئي الغرامي
MDH	٩٣٨ وحدة دولية / لتر في ٣٠°م
LDH*	١٦٨٨ وحدة دولية / لتر في ٣٠°م

وقد استعمل منظم الفوسفات بدرجة أس هيدروجيني تساوى ٤ر٧± ٠٥ر٠ في ٣٠°م ٠

---

* استعمل في هذا التفاعل الانزيم LDH لكي يحفز اختزال مادة البيروفيات التي قد تتكون من التحلل الذاتي للناتج Oxaloacetate ٠

٥) ـ قياس نشاط CPK : ـ

وتعتمد طريقة القياس على ربط ثلاث تفاعلات انزيمية مع بعضهـا بالتوالـي تنتهي بقياس سرعة الزيادة في امتصاص مادة NADH المتكونة : ـ

$$\text{Creatine phosphate} + \text{ADP} \xrightleftharpoons{\text{CPK}} \text{Creatine} + \text{ATP}$$

$$\text{ATP} + \text{Glucose} \xrightleftharpoons{\text{GK}} \text{Glucose-6-Phosphate} + \text{ADP}$$

$$\text{Glucose 6-Phosphate} + \text{NAD}^{+} \xrightleftharpoons{\text{G-6-PDH}} \text{6-Phosphogluconate} + \text{NADH} + \text{H}^{+}$$

واستعملت التراكيز المثالية التالية لمواد الأساس في محلول التفاعل : ـ

اسم المـــادة	التركيـــــــــــــز
Creatine Phosphate	١٧٢ر١٦ مـن $\frac{١}{١٠٠٠}$ من الوزن الجزيئي الغرامي .
D -Glucose	٧٥ر١٨ مـن $\frac{١}{١٠٠٠}$ من الوزن الجزيئي الغرامي .
Adenosine diphosphate (ADP)	١١٦ر١ مـن $\frac{١}{١٠٠٠}$ من الوزن الجزيئي الغرامي .
NAD^{+}	١٥٦ر٢ مـن $\frac{١}{١٠٠٠}$ مـن الوزن الجزيئي الغرامي .
Glucokinase (GK)	٤٦٨٧ وحدة دولية / لتر .
Glucose-6-Phosphate dehydrogenase(G-6-PDH)	٤٦٨٧ وحدة دولية / لتر .

واستعمل منظم (Pipes) بدرجة أس هيدروجيني قدره ٦ر٨ ± ١٥ر٠ في ٣٠ °م .

ب) ـ دراسة حركة الانزيمين LDH و HBDH في امصال الاطفال الاصحاء والاطفال المصابين بالكالازار وفي درجة ٣٧م :

أستعمل في هذه الدراسة الجهاز المحلل للانزيمات بعد تحوير بسيط في طريقة عمله ، اذ وضعت التراكيز المختلفة لأحدى مادتي الاساس في الاقداح البلاستيكية (المخصصة اصلا لعينات المصل) ، بينما خلطت عينة المصل مع المنظم ومادة الاساس الثانية في قنينة مواد الاساس للجهاز . ولغرض حساب نشاط الانزيم في التراكيز المختلفة للمواد الاساس بالوحدات الدولية / لتر ، استعملت المعادلة المذكورة في صفحة (٢٠) .

١) ـ العلاقة بين تركيز حمض البيروفيك وسرعة التفاعل المحفز بالانزيم LDH :ـ

استعملت طريقة روبلوسكي ولادو لقياس فعالية LDH[89] ، والتي تعتمد على متابعة سرعة الانخفاض في امتصاص مادة NADH عند اختزالها حمض البيروفيك حسب المعادلة التالية :ـ

$$\text{Pyruvate} + \text{NADH} + \text{H}^{+} \underset{}{\overset{\text{LDH}}{\rightleftharpoons}} (\text{L})\ \text{Lactate} + \text{NAD}^{+}$$

المحاليل المستعملة :ـ

ـ) ـ منظم سورنسن الفوسفاتي Sorenson's Phosphate buffer

ويحضر المنظم بتركيز ٠,٠٦٧ من الوزن الجزيئي الغرامي وبدرجة اس هيدروجيني قدره ٧,٤ بخلط ٨٠,٨ سم٣ من محلول Na_2HPO_4 $\frac{1}{15}$ من الوزن الجزيئي الغرامي مع ١٩,٢ سم٣ من محلول KH_2PO_4 $\frac{1}{15}$ من الوزن الجزيئي الغرامي .

ـ) ـ محلول NADH : ـ

وتحضر بتركيز ١٫٢٩ من $\frac{١}{١٠٠٠}$ من الوزن الجزيئي الغرامي مذابة في منظم الفوسفات ويحضر هذا المحلول جديدا كل يوم ٠

ـ) ـ محلول بايروفات الصوديوم : ـ

وتحضر بتركيز ٢٨٫٨ من $\frac{١}{١٠٠٠}$ من وزن الجزيئي الغرامي مذابة في منظم الفوسفات ، وهذه ايضا تحضر جديدة كل يوم ٠

طريقة العمل : ـ

يحضر خليط الحضن (Incubation Mixture) في قنينة مواد الأساس للجهاز بخلط ١سم٣ من محلول مادة الاساس NADH مع ٠٫٣ سم ٣ من مصل الدم الطبيعي* ويكمل الحجم الى ١٠ سم ٣ ـ باضافة ٨٫٧ سم ٣ من المنظم ويترك الخليط لمدة ٢٠ دقيقة في درجة حرارة الغرفة ليتم استهلاك المواد التي تتفاعل مع NADH والموجودة في المصل ٠

تحضر تراكيز مختلفة من البيروفيت في الاقداح البلاستيكية وذلك بتخفيف المحلول الاصلي لبيروفات الصوديوم بالمنظم لنحصل على التراكيز التالية : ـ ٠٫٤ ، ٠٫٨ ، ١٫٦ ، ٣٫٢ ، ٦٫٤ ، ٩٫٨ ، ١٤٫٤ ، ١٩٫٢ ، ٢٤ ، ٢٨٫٨ من $\frac{١}{١٠٠٠}$ من الوزن الجزيئي الغرامي لبيروفات الصوديوم ٠

---

* الامصال المرضية تخفف بحيث لا تتجاوز سرعة التفاعل ٠٫٠٩٠ وحدة امتصاص/ دقيقة وذلك للمحافظة على دقة القياس بالنسبة للجهاز ولمنع استهلاك مواد الاساس بسرعة ٠

يسحب الجهاز مقدار ٥٢٥ر٠ سم٣ من خليط الحضن من تنينة مواد الاساس ويدفعها الى داخل الخلية (cell) ثم يخلط معها ٠٣٥ر٠سم٣ من محلول مادة الاساس البيروفيك لاعطائنا حجم محلول التفاعل = ٥٦ر٠سم٣ ، وعلى هذا الاساس تكون تراكيز المواد المختلفة في محلول التفاعل في خلية القياس هي : ـ

NADH : ١٨ ر٠ من $\frac{1}{1000}$ من وزنها الجزيئي الغرامي ٠

بيروفات الصوديوم : ٠٢٥ر٠ ، ٠٥ر٠ ، ١ر٠ ، ٢ر٠ ، ٣ر٠ ، ٦ر٠ ، ٩ر٠ ، ٢ر١ ، ٥ر١ ، ٨ر١ من $\frac{1}{1000}$ من وزنها الجزيئي الغرامي ٠

حجم المصل في ٥٦ر٠ سم ٣ من محلول التفاعل = $\frac{\text{حجم عينة المصل في محلول الحضن}}{\text{حجم محلول الحضن}}$

× حجم محلول الحضن المسحوب الى خلية الجهاز ٠

وهذا يساوي $\frac{\text{٣ر٠ سم}^3}{\text{١٠ سم}^3}$ × ٥٢٥ ر٠ سم ٣ = ٠١٥٧٥ر٠سم ٣

ويعوض هذا الرقم الاخير في المعادلة المذكورة في صفحة (٢٠) لغرض حساب سرعة التفاعل بالوحدات الدولية /لتر ٠

يقاس التفاعل لمدة ثلاث دقائق وتؤخذ قراءة الامتصاص كل ١٥ ثانية ٠

٢) ـ العلاقة بين تركيز ٢ ـ اوكسوبيوتريك وسرعة التفاعل المحفز بالانزيم HBDH :

استعملت طريقة روزالكي وويلكنسن[85] لقياس فعالية HBDH اعتمادا على متابعة سرعة الانخفاض في امتصاص مادة NADH عند اختزالها حمض

٢ـ اوكسوبيوتريك حسب المعادلة التالية : ـ

$$2\text{-Oxobutyrate} + NADH + H^{+} \underset{}{\overset{HBDH}{\rightleftharpoons}} (L)2\text{-Hydroxybutyrate} + NAD^{+}$$

المحاليل المستعملة : ـ

استعمل منظم سورنسن الفوسفاتي بتركيز ٠٦٧ر٠ من الوزن الجزيئي الغرامي وبدرجة أس هيدروجيني قدره ٤ر٧ ، أمّا محلول NADH فيحضر بتركيز ١٩٢ر١ من $\frac{١}{١٠٠٠}$ من الوزن الجزيئي الغرامي مذابة في المنظم ، ويحضر كذلك محلول ٢ـ اوكسوبيوترات الصوديوم بتركيز ٢٨٨ ر٠ من الوزن الجزيئي الغرامي مذابة في المنظم .

طريقة العمل : ـ

استعملت نفس طريقة العمل في الجزء (ب ـ ١) عدا عن استعمال تراكيز مختلفة لمادة ٢ـ اوكسوبيوترات الصوديوم في الاقداح البلاستيكية بدل مادة بيروفات الصوديوم ، وتم قياس سرعة التفاعل عند استعمال التراكيز التالية لمادة ٢ـ اوكسوبيوترات الصوديوم في محلول التفاعل : ٢ر٠ ، ٤ر٠ ، ٦ر٠ ، ٨ر٠ ، ١ر٠ ، ٢ر١ ، ٣ ، ٦ ، ٩ ، ١٢ ، ١٥ ، ١٨ من $\frac{١}{١٠٠٠}$ من من الوزن الجزيئي الغرامي .

<u>٣) ـ تأثير تراكيز NADH على نشاط الانزيمين LDH و HBDH في المصل : ـ</u>

أجريت التجارب باستعمال تراكيز مثلى من حمض البيروفيك(٥ر١ من $\frac{١}{١٠٠٠}$ من وزنه الجزيئي الغرامي) للانزيم LDH وحمض ٢ـ اوكسوبيوتريك (١٦ من $\frac{١}{١٠٠٠}$ من وزنه الجزيئي الغرامي) للانزيم HBDH ، بينما

استعملت تراكيز مختلفة لمادة NADH (٠٠٥ر٠ — ٢٤ر٠ من $\frac{١}{١٠٠٠}$ من وزنها الجزيئي الغرامي) ٠

المحاليل المستعملة : —

اسم المـــــادة	التركيـــــــز
محلول بيروفات الصوديوم	٨ ر٢٨ من $\frac{١}{١٠٠٠}$ من الوزن الجزيئي الغرامي
محلول ٢ـ اوكسوبيوترات الصوديوم	٢٨٨ من $\frac{١}{١٠٠٠}$ من الوزن الجزيئي الغرامي
محلول NADH	٨٤ر٣ من $\frac{١}{١٠٠٠}$ من الوزن الجزيئي الغرامي

تحضـر كافة المحاليل جديدة كل يوم في منظم سورنســـن ٠

طريقة العمل : —

يحضـر خليطا الحضن للانزيمين كما يلـي : —

أ) ـ خليط الحضـن للانزيم LDH : ـ يحضـر ١٥ سم٣ بخلط ٨ر٠سم ٣ من محلول بيروفات الصوديوم مع ٤٥ر٠ سم ٣ من المصل الطبيعي (الامصا ل المرضيـــة تخفف كما في الجزء ب ـ ١) ويكمل الحجم باضـافة ٧٥ر١٣ سم ٣ من المنظـم ٠

ب) ـ خليط الحضن للانزيم HBDH : ـ بحضـر ١٥ سم ٣ بخلط ٨٣ر٠ سم ٣ من محلول ٢ـ اوكسوبيوترات الصوديوم مع ٤٥ر٠ سم ٣ من مصل الـــدم الطبيعي ويكمل الحجم باضافة ٧٢ر١٣ سم ٣ من المنظم ٠

استعمل ثلاثة عشر تركيزا مختلفا لمادة NADH حضـرت في الاقـداح البلاستيكية لتعطينا التراكيز النهائية التالية في محلول التفاعل : — ٠٠٥ر٠ ، ٠٠٧٥ر٠ ،

٠ر٠١ ، ٠ر٠١٥ ، ٠ر٠٢ ، ٠ر٠٣ ، ٠ر٠٦ ، ٠ر٠٩ ، ٠ر١٢ ، ٠ر١٥ ، ٠ر١٨ ، ٠ر٢١ ، ٠ر٢٤ من $\frac{١}{١٠٠٠}$ من الوزن الجزيئي الغرامي ،

وثم قياس التفاعل لكل تركيز منها لمدة ثلاث دقائق وتؤخذ قراءة الامتصاص كل ١٥ ثانية ٠

٤) ـ قياس ثابت ميكيلس (Km) للمواد الأساس للانزيمين LDH و HBDH في امصال الاطفال الاصحاء والاطفال المصابين بالكالاازار وفي درجة ٣٧°م : ـ

تم تعيين Km للمواد الاساس حمض البيروفيك ، حمض ٢ ـ اوكسوبيوتريك و NADH من نتائج التجارب (ب ١ ـ ٣) بالتعاقب ، والتي وفرت لنا المعلومات اللازمة بشكل علاقة سرعة التفاعل (مقاسة كعدد من $\frac{١}{مليون}$ من الوزن الجزيئي الغرامي لمادة NADH المؤكسدة في الدقيقة الواحدة ولكل لتر من المصل) مع التراكيز المختلفة لمادة الاساس المراد قياس ثابتها وبوجود تركيز أمثل لمادة الاساس الثانية ، وقد تم رسم الاشكال البيانية للنتائج التي تم الحصول عليها وفقا للطرق التالية : ـ

أ) ـ طريقة لينويفر ـ بورك[90] التي تربط القيم العكسية لكل من السرعة وتركيز مادة الاساس ٠ $\frac{1}{v}$ vs. $\frac{1}{(S)}$ [91]

ب) ـ طريقة هانس التي تربط بين " تركيز مادة الاساس مقسوما على السرعة " وتركيز مادة الاساس ٠ $\left(\frac{(S)}{v}\right)$ vs. (S)

جـ) ـ الطريقة الخطية المباشرة لأيزنثال وكرونش بودن[92]

٥) ـ التجزئة الحرارية للانزيمين LDH و HBDH في أمصال الأطفال الأصحاء والأطفال المصابين بالاكلاازار : ـ

أستعملت طريقة روبلوسكي وكريكوري[51] لفصل كل أنزيم الى ثلاثة أجزاء لكل منها ثبوتية معينة تجاه الحرارة ، بعدها تم قياس نشاط الانزيمين في كل من الأجزاء الثلاثة باستعمال الطقم الجاهز .

طريقة العمل : ـ

يضاف الى ٢ سم٣ من المصل ، ٢ر٠ سم٣ من محلول NADH محضرة في الماء بتركيز ٨٤ر٣ من $\frac{١}{١٠٠٠}$ من الوزن الجزيئي الغرامي ، ويترك المزيج لمدة ٢٠ دقيقة في درجة حرارة الغرفة ليصل حالة التوازن ثم يقسم الى ثلاثة اجزاء : ـ

الجزء الاول يترك في درجة حرارة الغرفة .

الجزء الثاني يحضن في حمام مائي بدرجة ٥٥ْم لمدة ٣٠ دقيقة .

الجزء الثالث يحضن في حمام مائي بدرجة ٦٢ْم لمدة ٣٠ دقيقة .

بعدها تبرد الاجزاء بالماء البارد ويقاس نشاط الانزيمين فيها باستعمال الطقم الكيمياوى الجاهز .

٦) ـ دراسة اثر الحضن الحراري للمصل على قيم Km لحمض البيروفيك وحمض ٢ ـ اوكسوبيوتريك : ـ

تم اختيار طريقة بل[93] للحصول على المتناظر الثابت تجاه الحرارة وذلك بحضن المصل لمدة ٦٠ دقيقة في درجة حرارة ٦٠ْم ، تحسب بعدها قيمة Km حسب ما ورد في الجزء ب ـ ١ و ب ـ ٢ قبل وبعد تعريض المصل لهذه الدرجة المرتفعة من الحرارة .

٧) ـ دراسة اثر درجات الاس الهيدروجيني المختلفة على العلاقة بين تركيز حمض البيروفيك وسرعة التفاعل المحفز بالانزيم LDH :

اجريت تجارب تشابه تلك في الجزء (ب ـ ١) ولكن باستعمال درجات اس هيدروجيني مختلفة ، فاستعمل لهذا الغرض منظم برايتون ـ روبنسن[94] وهو ذو سعة تنظيمية واسعة جدا .

المحاليل المستعملة : ـ

استعملت المحاليل التالية في هذه التجارب : ـ

أ) محلول NADH بتركيز ٣ر٨٤ من $\frac{١}{١٠٠٠}$ من الوزن الجزيئي الغرامي ويحضر يوميا في الماء .

ب) ـ محلول بايروفات الصوديوم بتركيز ٢٨٨ر٠ من الوزن الجزيئي الغرامي ويحضر يوميا في الماء .

حـ) ـ منظم برايتون روبنسن : ـ ويتكون من محلول حامضي يحتوي على ـ حمض الخليك بتركيز ٠٤ر٠ من وزنه الجزيئي الغرامي ، حمض الفوسفوريك بتركيز ٠٤ر٠ من وزنه الجزيئي الغرامي ، وحمض البوريك بتركيز ٠٤ر٠ من وزنه الجزيئي الغرامي وتعدل درجة الاس الهيدروجيني لهذا المحلول

الى الدرجة المطلوبة (٤ ـ ٩) باستعمال محلول هيدروكسيد الصوديـوم ذو تركيز ٢ر٠ عيارى وحسب جدول خاص:

طريقة العمل : ـ يحضر خليط الحضـن بحجم ١٥ سم ٣ بخلط ٤٥ر٠ سم ٣ من المصل الطبيعي (الامصال المرضـية تخفف) مع ٧٥ر٠ سم ٣ من محلول NADH ويكمل الحجم الى ١٥ سم ٣ باضـافة ٨ر١٣ من المنظم المحضـر في درجة الأس الهيدروجيني المطلوبة تقاس بعدها درجة الأس الهيدروجيني ـ للخليط كله ، ثم تجرى تجارب تشابه تلك في الجزء ب ـ ١ حيث يكون تركيـز NADH في محلول التفاعل ١٨ر٠ من $\frac{١}{١٠٠٠}$ من الوزن الجزيئي الغرامي ،

بينما تتراوح تراكيز مادة بايروفات الصوديوم في محلول التفاعل حسب ما يلـي : ٠١٦٦٦ر٠ ، ٠٥ر٠ ، ١ر٠ ، ٢ر٠ ، ٣٥ر٠ ، ٦ر٠ ، ٩ر٠ ، ٢ر١ ، ٥ر١ ، ٤ر٢ ، ٦ر٣ ، ٦ ، ٩ ، ٥ر١٣ ، ١٨ من $\frac{١}{١٠٠٠}$ من الوزن الجزيئي الغرامي .

٨) ـ دراسة نسب كبت اليوريا والاوكزالات للانزيم LDH في أمصال الاطفال الاصحاء والاطفال المصابين بالكالازار وفي درجة ٣٧ م :

تم اختيار طريقة بولين وويلكنسن[95] التي تقارن نسب الانخفاض في فعاليـة LDH عند استعمال اليوريا بتركيز ٢ من وزنها الجزيئي الغرامي وكذلـك عند استعمال الاوكزالات بتركيز ٢ر٠ من $\frac{١}{١٠٠٠}$ من وزنها الجزيئـي الغرامي وبوجود المواد الاساس للانزيم في تراكيزها المثلى : ـ حمض البيروفيك

بتركيز ٥ر١ من $\frac{1}{1000}$ من وزنه الجزيئي الغرامي ومادة NADH بتركيـــــز ١٨ر٠ من $\frac{1}{1000}$ من وزنها الجزيئي الغرامي .

المحاليل المستعملة : ــ استعملت المحاليل التالية في هذه التجربة : ــ

ــ) ــ منظم سورنسن الفوسفاتي بتركيز ٠٦٧ر٠ من وزنه الجزيئي الغرامـي وبدرجة أس هيدروجيني قدره ٤ر٧ .

ــ) ــ محلول NADH بتركيز ٢ ر١ من $\frac{1}{1000}$ من وزنها الجزيئي الغرامي مذابة في المنظـــم .

ــ) ــ محلول بايروفات الصوديوم بتركيز ٢٤ من $\frac{1}{1000}$ من وزنها الجزيئـي الغرامي مذابة في المنظم .

ــ) ــ محلول اليوريا بتركيز ٢٦٦٦ر٤ من وزنها الجزيئي الغرامي مذابـــة في المنظم وتعدل درجة الأس الهيدروجيني للمحلول الى ٤ر٧ ــ بأستعمال محلول KH_2PO_4 بتركيز $\frac{1}{15}$ من وزنه الجزيئي الغرامي .

ــ) ــ محلول اوكزالات البوتاسيوم بتركيز ٢٦٦٦ر٠ من $\frac{1}{1000}$ من وزنها الجزيئي الغرامي مذابة في المنظم .

طريقة العمل : ــ تحضـــر ثلاثة خلائط حضـــن كل منها بحجم ٥ سم٣ ، الاول منها لا يحتوى على أى ثابت والثاني يحتوى على اليوريا ، بينمـــا يحتوى الثالث على الاوكزالات ، كما يلي : ــ

الخليط (١) تخلط ١٥ر٠ سم٣ من المصل الطبيعي (المصل المرضي يخفف) مع ٥ر٠ سم٣ من محلول NADH ويكمل الحجم الى ٥ سم٣ ــ بإضافة ٣٥ ر٤ سم٣ من المنظم .

الخليط (٢) تخلط ١٥ ر٠ سم ٣ من المصل نفسه مع ٥ر٠ سم ٣ من محلول NADH و ٥ر٢ سم ٣ من محلول اليوريا ويكمل الحجم الى ٥ سم ٣ ـ بإضافة ١٨٥ر١ سم ٣ من المنظم ٠

الخليط (٣) تخلط ١٥ ر٠ سم ٣ من المصل نفسه مع ٥ر٠ سم ٣ من محلول NADH مع ٥ر٢ سم ٣ من محلول الاوكزالات ويكمل الحجم الى ٥ سم ٣ بإضافة ١٨٥ر١ سم ٣ من المنظم ٠

تحضن هذه المحاليل الثلاث في درجة حرارة الغرفة لمدة ٢٠ دقيقة ٠ تعبأ الاقداح البلاستيكية بمحلول بايروفات الصوديوم ثم يقاس نشاط الانزيم LDH في كل خليط بأخذ معدل ثلاث قياسات نشاط الانزيم ٠

٩) ـ دراسة حركة الكابت الاوكزالات بالنسبة لمادتي الاساس حمض البيروفيك و NADH للانزيم LDH : ـ

أجريت هذه الدراسة بتحوير الطريقة المستعملة في الجزء (ب ـ ١) ، فقد حضرت خلائط حضن تحتوى على تراكيز مختلفة من NADH والاوكزالات مع وجود تركيز ثابت للمصل ، ثم يقاس نشاط الانزيم بإضافة تراكيز مختلفة من حمض البيروفيك لكل خليط ٠

محاليل التفاعل : ـ

استعملت المحاليل التالية في هذه التجربة : ـ

ـ) ـ منظم سورنسن الفوسفاتي بتركيز ٠٦٧ر٠ من الوزن الجزيئي الغرامي ودرجة أس هيدروجيني قدره ٤ ر٧٠

ـ) ـ محلول NADH بتركيز ٠٩٦ر٠ من $\frac{١}{١٠٠٠}$ من الوزن الجزيئي ـ

الغرامي ومذابة في المنظم ٠

ـ) ـ محلول بايروفات الصوديوم بتركيز ٨ر٢٨ من $\frac{١}{١٠٠٠}$ من الوزن الجزيئي الغرامي مذابة في المنظم ٠

ـ) ـ محلول اوكزالات البوتاسيوم بتركيز ٠٦٦٦٦ر١ من $\frac{١}{١٠٠٠}$ من الوزن الجزيئي الغرامي مذابة في المنظم ٠

طريقة العمل :ـ

ا) ـ تعبأ الاقداح البلاستيكية بالتراكيز المختلفة لمحلول البايروفات كي نحصل على التراكيز النهائية التالية في محلول التفاعل :ـ

٠٥ر٠ ، ٥ ار٠ ، ٢ر٠ ، ٣٥ر٠ ، ٦٥ر٠ ، ٩ر٠ ، ٢٦ر١ ، ٥ر١ ، ٨ر١ من $\frac{١}{١٠٠٠}$ من وزنها الجزيئي الغرامي ٠

ب) ـ تحضر خلائط بحجم ١٠ سم٣ يحتوى كل منها على ٣ر٠ سم٣ من المصل الطبيعي (الأمصال المرضية تخفف) ثم يضاف محلول NADH بالكميات التالية ٤ر٠ سم٣ ، ٨ر٠ سم٣ و ٢سم٣ معطيا التراكيز النهائية في محلول التفاعل ٣٦ر٠ ، ٧٢ر٠ ، ٨ار٠ من $\frac{١}{١٠٠٠}$ من الوزن الجزيئي الغرامي وبالتعاقب ، بعدها تضاف حجوم مختلفة من محلول الاوكزالات وحسب التسلسل ادناه :ـ صفر ، ٥ر٠ سم٣ ، ١ سم٣ ، ٢ سم٣ ، ٣ سم٣ ، ٤ سم٣ معطيا التراكيز النهائية التالية في محلول التفاعل : صفر ، ٠٥ر٠ ، ار٠ ، ٢ر٠ ، ٣ر٠ ، ٤ر٠ من $\frac{١}{١٠٠٠}$ من الوزن الجزيئي الغرامي ، ثم يكمل حجم كل خليط الى ١٠ سم٣ بالمنظم ٠

يترك كل خليط في درجة حرارة الغرفة لمدة ٢٠ دقيقة يقاس بعدها نشاط LDH باستعمال التراكيز المختلفة لبيروفات الصوديوم .

١٠) — دراسة حركة الكابت اليوريا بالنسبة لحمض البيروفيك للانزيم LDH

اجريت تجارب تشابه تلك في الجزء (ب — ١) ولكن باستعمال تراكيز مختلفة من اليوريا وبوجود تركيز امثل لـ NADH (١٨ر٠ من $\frac{١}{١٠٠٠}$ من الوزن الجزيئي الغرامي) ضد تراكيز مختلفة من حمض البيروفيك .

المحاليل المستعملة : —

تحضر نفس المحاليل المذكورة في الجزء (ب — ٩) ولكن باستعمال اليوريا بدل الاوكزالات فيحضر محلول اليوريا بتركيز ٢٦٦٦ر٤ من وزنه الجزيئي الغرامي ويذاب في المنظم وتعدل درجة الأس الهيدروجيني للمحلول الى ٤ر٧ باستعمال محلول KH_2PO_4 بتركيز $\frac{١}{١٥}$ من وزنه الجزيئي الغرامي .

طريقة العمل : —

تحضر خلائط حضن مختلفة بحجم ١٠ سم٣ يحتوى كل منها على ٣ر٠ سم٣ من المصل الطبيعي (المصل المرضي يخفف) مع ٢ سم٣ من محلول NADH بينما تضاف حجوم مختلفة من محلول اليوريا هي : صفر ، ٥ر٠ سم٣ ، ١ سم٣ ، ٥ر١ سم٣ ، ٢ سم٣ ، ٥ر٢ سم٣ ، ٣ سم٣ ، ٥ر٣ سم٣ ، ٤ سم٣ ، ٥ر٤ سم٣ ، ٥ سم٣ وهذه تعطينا التراكيز النهائية التالية لليوريا في محلول

التفاعل* : صفر ، ٢ر٠ ، ٤ر٠ ، ٦ر٠ ، ٨ر٠ ، ٠ر١ ، ٢ر١ ، ٤ر١ ، ٦ر١ ، ٨ر١ ، ٢ من الوزن الجزيئي الغرامي ، يكمل بعدها حجم كل خليط الى ١٠ سم٣ بالمنظم .

يحضن كل من هذه الخلائط في درجة حرارة الغرفة لمدة ٢٠ دقيقة ثم تقاس فعالية LDH فيها باستعمال التراكيز المختلفة لحمض البيروفيك كما في الجزء (ب ـ ٩) .

١١) ـ فصل المتناظر LDH_5 من المصل ودراسة حركته في امصال الاطفال الاصحاء والاطفال المصابين بالكالاازار وفي درجة ٣٧م° : ـ

استعملت طريقة Bergermeyer[96] بعد تحويرها من Batch Chromatography الى Column Chromatography لنحصل على فصل أدق للمتناظر LDH_5 ، ثم اجريت على المتناظر المفصول تجارب تشابه تلك في الجزء (ب ـ ١) لغرض حساب قيمة K_m في المصل الطبيعي والمصل المرضي .

---

* استعملت التراكيز النهائية التالية لليوريا عند دراسة مصل الاطفال المصابين بالكالاازار : صفر ، ٢٥ر٠ ، ٥ر٠ ، ٧٥ر٠ ، ٠ر١ ، ٢ر١ ، ٤ر١ ، ٦ر١ ، ٢ من الوزن الجزيئي الغرامي .

المحاليل المستعملة :– تستعمل المحاليل التالية في هذه التجربـة :

أ) منظم الفوسفات بتركيز ٢٠ من $\frac{١}{١٠٠٠}$ من الوزن الجزيئي الغرامي ودرجة اس هيدروجيني قدرها ٦ ، يحضر المنظم باذابة ٨٨٥ ر٠ غم من مادة $Na_2HPO_4 \cdot 12H_2O$ و ٣٦ ر٢ غم من $NaH_2PO_4 \cdot H_2O$ في الماء المقطـر وتعدل درجة الاس الهيدروجيني الى ٦ باستعمال حمض الهيدروكلوريك المخفف او محلول هيدروكسيد الصوديوم ثم يكمـل الحجم الى ١٠٠٠ سم٣ بالمـاء .

ب) – عالق مادة DEAE – Sephadex A-50

يعلق ١ – ٥ ر١ غم من هذه المادة في ١٠٠ سم٣ من المنظـم ويترك العالق لمدة ساعة ليركد الـ gel الى الأسفل ويزاح المنظم الزائد مع العلائق الصغيره فيه ، ثم تعاد العملية مرة اخرى ، بعدهـا يترك العالق في فائض من المنظم لمدة ٢٤ ساعة ليصل حجم الجزيئـات الى الاستقـرار .

طريقة العمـل :

يستخدم Column بقطر ١ سم وطول ٢٠ سم ، تحشـر في نهايتـه السفلى بعض الشعيرات من الصوف الزجاجي لمنع تسـرب الـ gel الى خارج الانبوبة ، ثم يعبأ العالق في الـ Column ، بصورة بطيئة ومتجانسة لمنع تكون فقاعات الهواء ، الى ارتفاع ١٠ سـم بعدها نبداء باضـافة ٣٠٠ – ٥٠٠ سم ٣ من المنظم لغسل الـ gel . تضـاف ٣ سم ٣ من المصل الطبيعي او ١ سم ٣ من المصـل المرضي ببطء فوق سطح العالق ، ويترك المصل ليتغلغل الى داخل

: gan بعدها نبداء باضافة المنظم لنحصل على سرعة سريان من ال Column قدرها ١ سم٣ / دقيقة ٠

يجمع كل ١ سم٣ من المحلول الخارج من ال Column في انبوبة اختبار زجاجية منفصلة ، ثم تقاس فعالية LDH في هذه العينات باستعمال الطاقم الجاهز والجهاز المحلل للانزيمات ٠

تخلط العينات ذات الفعالية العالية للمتناظر مع بعضها وتعدل درجة الاس الهيدروجيني لها الى ٤ر٧ باضافة قطرات من محلول Na_2HPO_4 ، بعدها تجرى على محلول المتناظر تجارب تماثل تلك في الجزء (ب — ١) وذلك للحصول على قيمة Km لحمض البيروفيك ٠

Tables

العينة	العدد	GPT			GOT		
		مدى الفعالية I.U./1	معدل الفعالية I.U./1	النسبة المئوية للفعالية عن الاصحاء	مدى الفعالية I.U./1	معدل الفعالية I.U./1	النسبة المئوية للفعالية عن الاصحاء
...حاء	٤٥	٢ ـ ٣٥	١ر٢٢ ± ٣ر٩	٠٠٠ر٠	٢٠ ـ ٤٨	٢ر٣٤ ± ٥ر٨	ـــ
...ازار	٣٥	١٢ ـ ٢٥٠	٢ر٦٥ ± ٣ر٥٧	٠٠٠ر٤٠	٢٩ ـ ١٢٠٤	٨ر٢١٥ ± ٣ر٢٦٤	٤ر٩١

...ل ـ ١ ـ

نشاط الانزيمين GPT و GOT في امصال الاطفال الاصحاء والاطفال المصابين بالكالاازار مقاســة بجهاز محلل الانزيمات وفي درجة ٣٧°م .

الحد الاعلى للفعالية في الاصحاء = معدل الفعالية + ٢ S.D.

جدول ـ ٢ ـ

نشاط CPK في امصال الأطفال الأصحاء والاطفال المصابين بالكالاازار مقاسة بجهاز محلل الانزيمات وفي درجة ٣٧° م .

العينة	العدد	العمر شهر سنة	مدى الفعالية I.U./l	معدل الفعالية I.U./l
الاصحاء	٤٠	٩ ٥	٢٤ ـ ١٣٨	٧٢ر٩ ± ٢٩ر٩
الكالاازار	٣٣	٥ ٥	٤ ـ ١٠٠	٤٤ ± ٢٣ر٣

ينـة	العدد	LDH مدى الفعالية I.U./l	 معدل الفعالية I.U./l	HBDH مدى الفعالية I.U./l	 معدل الفعالية I.U./l	$\frac{LDH}{HBDH}$
صحـاء	٤٥	١٥٢ ـ ٢٤٥	٢٠٥ ± ٢٠ر٢	٢١٠ ـ ٣٤٥	٢٩٧ ± ٣٥ر٣	٦٩ر
لاازار	٣٥	٤١٦ ـ ٣٨٥٠	١٢٤٧ ± ٧٢٣	٥٤٩ ـ ٥٣٢٠	١٦١٢ ± ٨٨٠	٧٧ر٠

ول ـ ٣ ـ

نشاط الانزيمين LDH و HBDH مع LDH/HBDH في مصل الاطفـال الاصحاء والاطفال المصابين بالكالازار مقاسة بجهـاز محلل الانزيمات وبدرجة حـرارة ٣٧° م .

دة الأساس	العينة	الثابت Km مقاس بوحـــــــــــدات mM		
		طريقة الرســـم $\frac{1}{v}$ مقابل $\frac{1}{(S)}$	طريقة الرســـم $\frac{(S)}{v}$ مقابل (S)	الطريقة الخطيـــه المباشرة في الرســم
البيروفيك	الاصحاء	٠ر١٤٠٦ ± ٠ر٠١٣٤	٠ر١٣٥٧ ± ٠ر٠١٠٤	٠ر١٣٤ ± ٠ر٠٠٧٤
	المرضـى	٠ر٢٠٤١ ± ٠ر٠١٥٢	٠ر١٩٦٢ ± ٠ر٠١٠٤٨	٠ر١٩٥٣ ± ٠ر٠٠٨٥
٢ـ اوكسو تريك	الاصحـاء	٢ر٥٩ ± ٠ر١٨٩	٢ر٥١ ± ٠ر١٣٨	٢ر٤٥ ± ٠ر١٣١
	المرضـى	٣ر٣٥ ± ٠ر١٥٨	٣ر٣٤ ± ٠ر١٢٢	٣ر٣٢ ± ٠ر١٤٦

جدول ـ ٤ ـ قيم الثابت (Km) لحمض البيروفيك وحمـض ٢ـ اوكسو بيوتريك للانزيمـــين LDH و HBDH بالتعاقب في أمصال الاطفال الاصحاء والاطفال المصابين بالكالازار مقاسة في درجـــة ٣٧°م .

جدول ـ ٥ ـ

الثابت Km* لـ NADH للأنزيمين LDH و HBDH فـــي

امُصـــال الاطُفال الاصحاء والاطفال المصابين بالكالا آزار مقاس في درجـة

٣٧°م ٠

العينـة	ثابت Km للانزيم LDH بوحدات mM	ثابت Km للانزيم HBDH بوحـــدات mM
الاصحاء	٠ر١٢٩٤ ± ٠ر٠٠٠٦٦٣	٠ر٠٠٩٨٥٦ ± ٠ر٠٠٠٧٠٦
المرضـى	٠ر١٣٥٠ ± ٠ر٠٠٠٧٢١	٠ر٠١٠١٠٠ ± ٠ر٠٠٠٧٦٨

* استعملت الطريقة الخطية المباشرة في الرسم للحصول على (Km) ٠

التجزئة الحرارية للانزيمين LDH و HBDH في أمصال الاطفال الأصحاء والاطفال المصابين بالكالازار كما هو مذكور في الجزء (ب ـ ٥) من تجارب البحث .

العينة	الجزء المقاوم للحرارة $\frac{ن_{62^\circ}}{ن}$	الجزء غير المقاوم للحرارة $\frac{ن - ن_{55^\circ}}{ن}$	الجزء ذو المقاومة المتوسطة للحرارة $\frac{ن_{55^\circ} - ن_{62^\circ}}{ن}$
الاصحاء	٥٧٦ر٠ ± ٠٦ر٠	٣٧٤ر٠ ± ٠١٠ر٠	٣٥ر٠ ± ٠٤٠ر٠
المرضى	٤٨٠ر٠ ± ٠٦ر٠	١٢ر٠ ± ٠١٤ر٠	٤٠ر٠ ± ٠٤٠ر٠
الاصحاء	٧٣٠ر٠ ± ٠٤ر٠	٠٨ر٠ ± ٠٠٥ر٠	١٩ر٠ ± ٠١٧ر٠
المرضى	٥٥٠ر٠ ± ٠٣٥ر٠	٠٧ر٠ ± ٠٠٥ر٠	٣٨ر٠ ± ٠٢٥ر٠

ن نشاط الانزيم في المصل الذى يترك في درجة حرارة الغرفة .

$ن_{55}$ نشاط الانزيم في المصل الذى يحضن في درجة ٥٥°م لمدة ٣٠ دقيقة .

$ن_{62}$ نشاط الانزيم في المصل الذى يحضن في درجة ٦٢°م لمدة ٣٠ دقيقة .

دول ــ ٧ ــ

ثابت Km * لحمض البيروفيك وحمض ٢ ــ اوكسو بيوتريك للانزيمين LDH و HBDH بالتعاقب في امصال الاطفال الاصحاء والاطفال المصابين بالكالاازار بعد حضن المصل في درجة ٦٠° م لمدة ٦٠ دقيقة ٠

ة	حمض البيروفيك		حمض ٢ ــ اوكسوبيوتريك	
	Km بوحدات mM	النسبة المئوية لتغير Km **	Km بوحدات mM	النسبة المئوية لتغير Km **
ـاء	١١٩ر٠ ± ٠٠٧ر٠	٢ر١١ ٪	٨٦ر١ ± ٠٦ر٠	٢٤٪
ـسى	١٠٦ر٠ ± ٠٠٦ر٠	٧ر٤٥٪	٨٠ر١ ± ١٠ر٠	٩ر٤٥٪

* تم تعيين (Km) بالطريقة الخطية المباشرة في الرسم ٠

** $\frac{\text{Km قبل الحضن} - \text{Km بعد الحضن}}{\text{Km قبل الحضن}} \times ١٠٠$

جدول ـ ٨ ـ

الثابت K'_S لتراكيز حمض البيروفيك المرتفعة والكابتة

لـ LDH في أمصال الاطفال الأصحاء والأطفال المصابين بالكالاازار

مقاس في درجات أس هيد روجيني مختلفة وفي درجة ٣٧°م .

درجة الأس الهيد روجيني	K'_S* بوحدات mM	
	عينات الاصحـــــاء	عينات الكالاازار
٢ ر٦	٢ ر٤	٢ ر ٥
٤ ر٧	٤ ر ٧	٣ ر ٨
٢٠ر٨	١ ر١١	٩ ر ١٦

* تم الحصول على K'_S برسم $\frac{1}{V}$ مقابل (S) .

جدول ـ ٩ ـ

مقارنة النسب المئوية لكبت نشاط LDH عند استعمال الاوكزالات واليوريا في درجة ٣٧°م وكما هو مبين في الجزء (ب ـ ٨) من تجارب البحث .

العينة	العدد	النسبة المئوية لكبت* الاوكزالات	النسبة المئوية لكبت* اليوريا
الاصحاء	٨	٥ر٤٧ ± ٢	٣٧ ± ٢
المرضى	٨	٤٥ ± ٢	٥٥ ± ٣

$$* \frac{\text{نشاط LDH بدون الكابت} - \text{نشاط LDH مع الكابت}}{\text{نشاط LDH بدون الكابت}} \times ١٠٠$$

الكابت الاوكزالات			الكابت اليوريا
لحمض البيروفيك مقاسة بالطرق التالية		Ki لـ NADH	Ki لحمض البيروفيك
$\frac{1}{v}$ مقابل $\frac{1}{(S)}$ mM	$\frac{1}{v}$ مقابل (I) mM	$\frac{1}{v}$ مقابل (I) mM	$\frac{1}{v}$ مقابل $\frac{1}{(S)}$ M
١٨٠٦ر٠ ± ٠٠٧٧ر٠	١٨٠٣ر٠ ± ٠٠٦٧ر٠	١٦٦ر٠ ± ٠٠٤ر٠	٩٥ ٨ر١ ± ١٥٢ ر
٢٧٨ ر٠ ± ٠١٨ر٠	٢٦ ر٠ ± ٠٠٦٣ر٠	٢٣١ر٠ ± ٠٠٥ر٠	٥٧٦ ر٢ ± ١٤٣ ر٠

ثابت الكبت (Ki) لـ LDH للكابتين الاوكزالات واليوريا في مصل الاطفال الاصحاء والاطفال المصابين
لازار مقاس في درجة ٣٧° م .

جدول ـ ١١ ـ

الثابت Km لحمض البيروفيك للمتناظر LDH_5 في أمصال الاطفال الأصحاء والاطفال المصابين بالكالاازار مقاس في درجة ٣٧ْم .

العينة	*Km بوحدات mM
الاصحاء	٣٠٤ر٠
المرضى	٣٢٠ر٠

* استعملت الطريقة الخطية في الرسم للحصول على Km .

Figures

١ـ علاقـة سرعة التفاعل للانزيمين LDH و HBDH مع الوقت : ـ

شكل (١)

يوضح علاقة تركيز الناتج ، مقاس بوحدات الامتصـاص ، في محلول التفاعل مع الوقت وقد استعملت تراكيز مواد الاساس التاليـة : ـ NADH بتركيز ١٨ ر٠ من $\frac{١}{١٠٠٠}$ مـن وزنها الجزيئي الغرامي لكلا الانزيمين ، حمض البيروفيـك بالتركيزين ٥٢ ر١ (× ـــ ×) و ١١٤ ر٠ (٥ ـــ ٥) من $\frac{١}{١٠٠٠}$ من الوزن الجزيئي الغرامي ، وحمض ٢ ـ اوكسو بيوتريك بالتركيز ١٤ (• ـــ •) من $\frac{١}{١٠٠٠}$ من وزنه الجزيئي الغرامي .

FIG.(1)

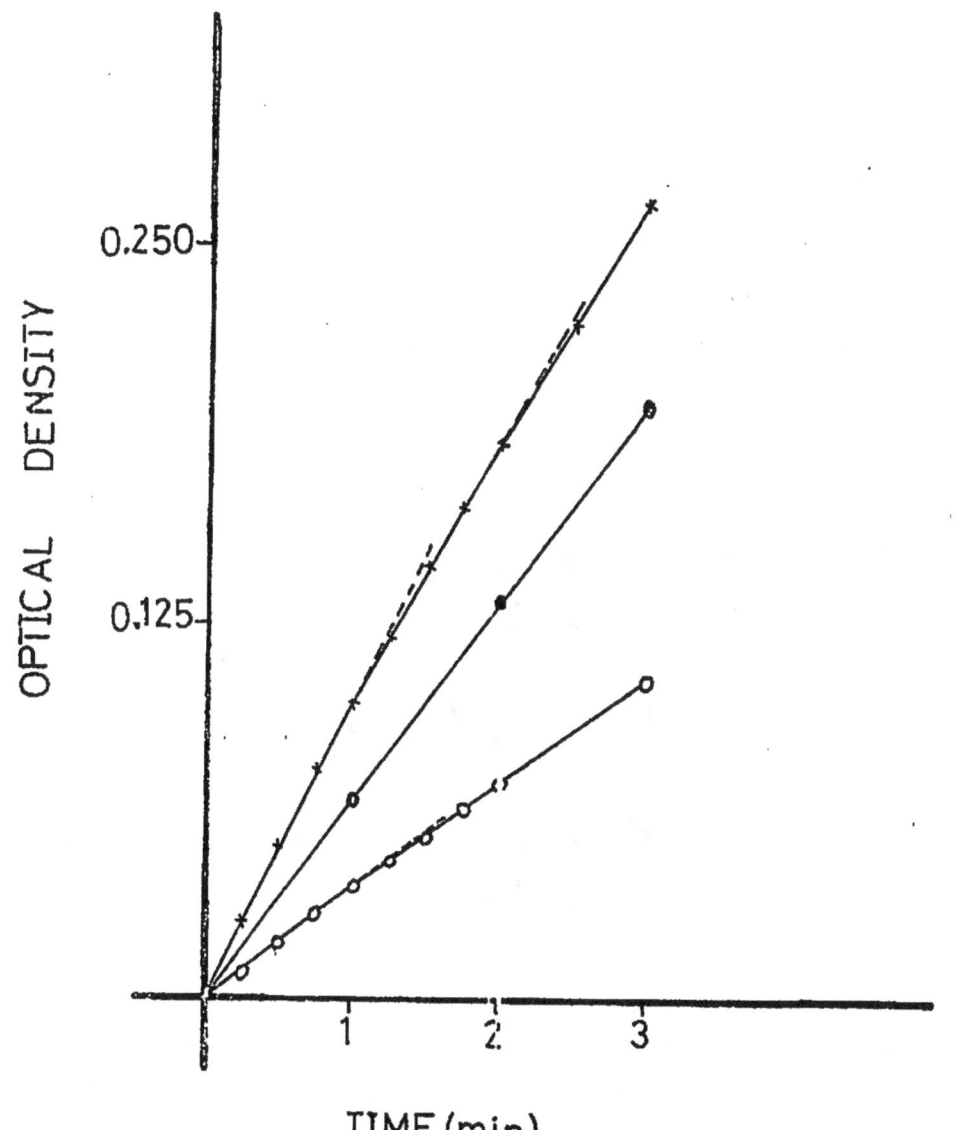

TIME (min.)

٢ـ قياس قيم Km لمواد اساس الانزيم LDH في امصال الاطفال الاصحاء والاطفال المصابين بالكالاازار وفي درجة ٣٧°م : ـ

أ) ـ قياس Km لحمض البيروفيك في امصال الاطفال الاصحاء والمرضى وفق طرق الرسم التالية : ـ

ـ الطريقة الخطية المباشرة : Direct linear plot[92]

شكل (٢)

يوضح الطريقة الخطية المباشرة لقياس Km لحمض البيروفيك في مصل الاطفال الاصحاء . ان طريقة العمل والتراكيز المستعملة مذكورة في الجزء (ب ـ ١) من تجارب البحث .

شكل (٣)

كما هو مذكور في تعليق شكل (٢) ولكن في مصل الاطفال المصابين بالكالاازار .

ـ طريقة لنويفر ـ بورك[90] التي تربط القيم العكسية لكل من السرعة الاولية وتركيز مادة الاساس : ـ

شكل (٤)

يوضح طريقة لنويفر ـ بورك في قياس Km لحمض البيروفيك في امصال الاطفال الاصحاء (× ـــ ×) والاطفال المصابين بالكالاازار (• ـــ •) . ان طريقة العمل والتراكيز المستعملة مذكورة في الجزء (ب ـ ١) من تجارب البحث .

ـ طريقة هانس[91] التي تربط "تركيز مادة الأساس مقسوما على السرعة" وتركيز مادة الأساس .

شكل (٥)

يوضح طريقة هانس في قياس Km لحمض البيروفيك في أمصال الاطفال الاصحاء (×ـــــ×) والاطفال المصابين بالكالازار (•ـــــ•) . ان طريقة العمل والتراكيز المستعملة مذكورة في الجزء (ب ـ ١) من تجارب البحث .

ب) ـ قياس Km لـ NADH في أمصال الأطفال الاصحاء والاطفال المصابين بالكالازار :

شكل (٦)

يوضح الطريقة الخطية المباشرة لقياس Km لـ NADH في أمصال الأطفال الاصحاء . ان طريقة العمل والتراكيز المستعملة مذكورة في الجزء (ب ـ ٣) من تجارب البحث .

شكل (٧)

كما هو مذكور في تعليق شكل (٦) ولكن في مصل الاطفال المصابين بالكالازار .

FIG. (2)

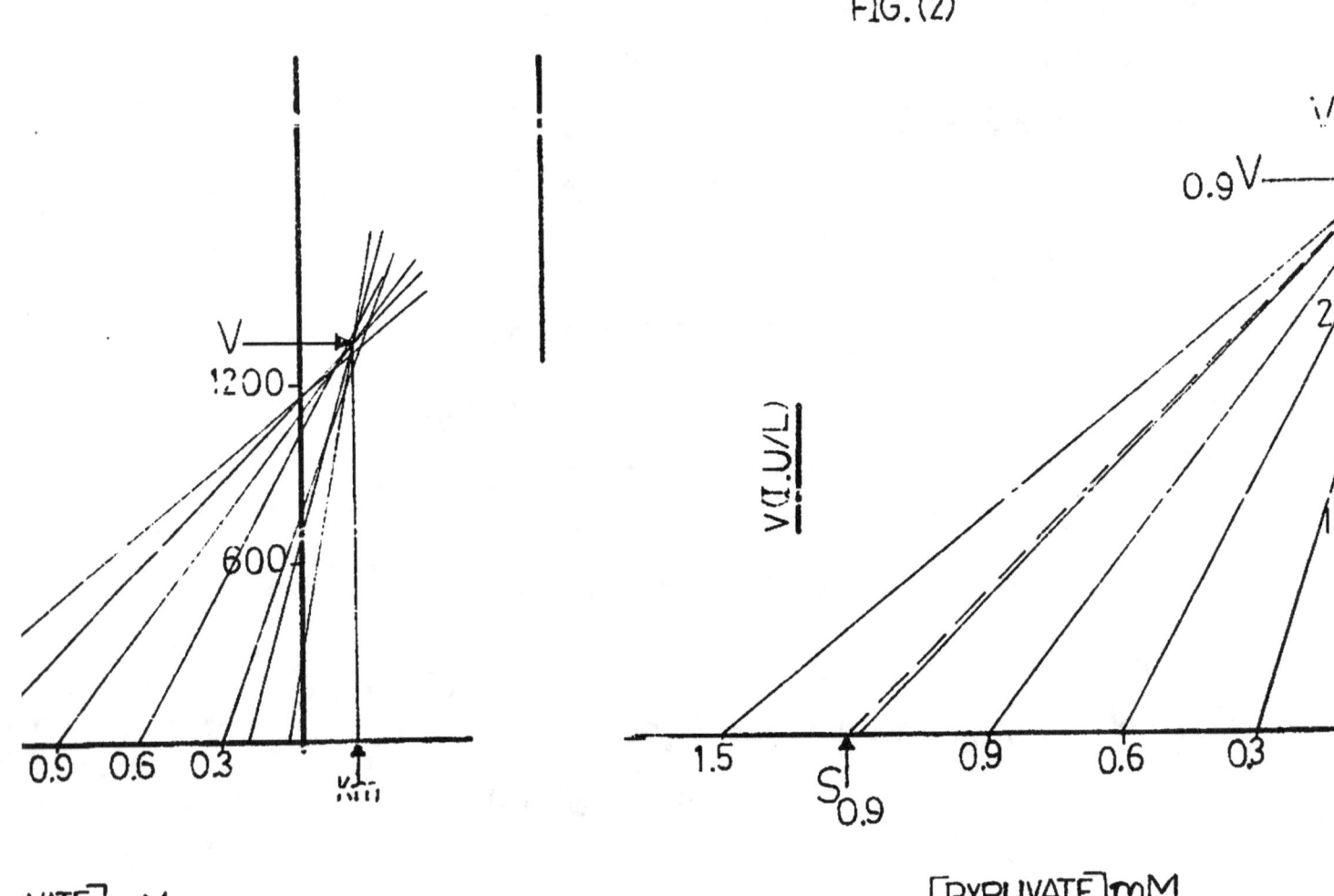

V
1200
600
0.9
0.6
VATE] mM
0.9V
V(I.U/L)
0.9
0.6
[PYRUVATE]mM

FIG.(4)

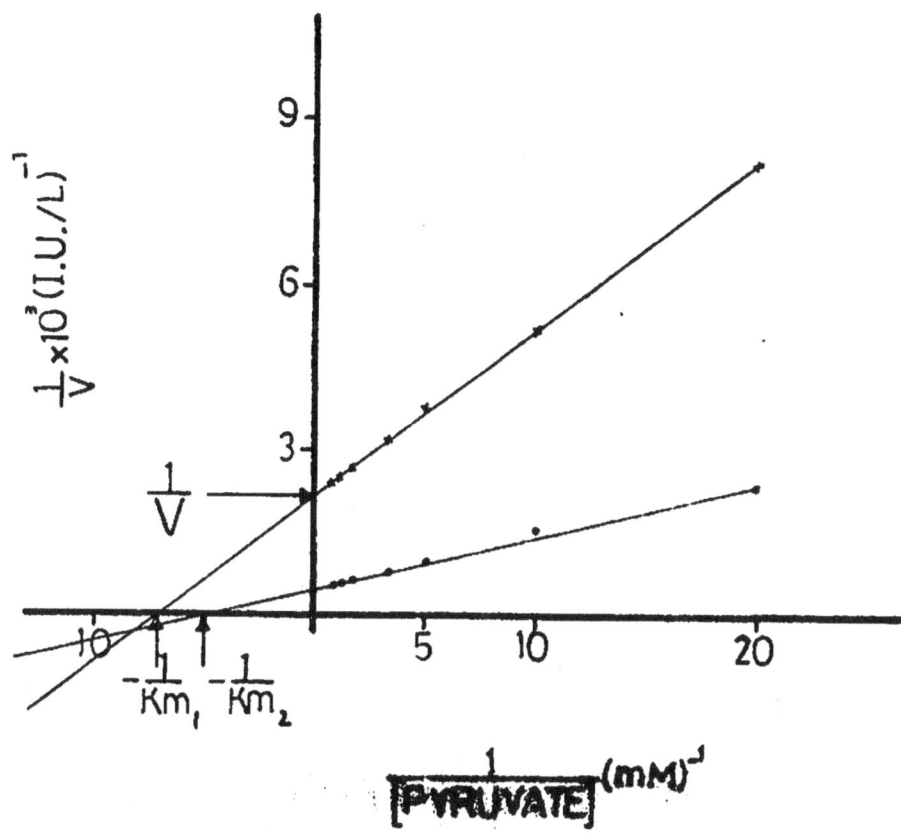

9
6
3
$\frac{1}{V} \times 10^3 (I.U./L)^{-1}$
$\frac{1}{V}$
10
5
10
20
$-\frac{1}{Km_1}$
$-\frac{1}{Km_2}$
$\frac{1}{[PYRUVATE]} (mM)^{-1}$

FIG.(5)

4
3
2
1
$\frac{[PYRUVATE]mM}{(I.U./L)} \times 10^3$
$\frac{Km}{V}$
0.3
0.3
0.6
0.9
0.12
$-Km_2$ $-Km_1$
[PYRUVATE]mM

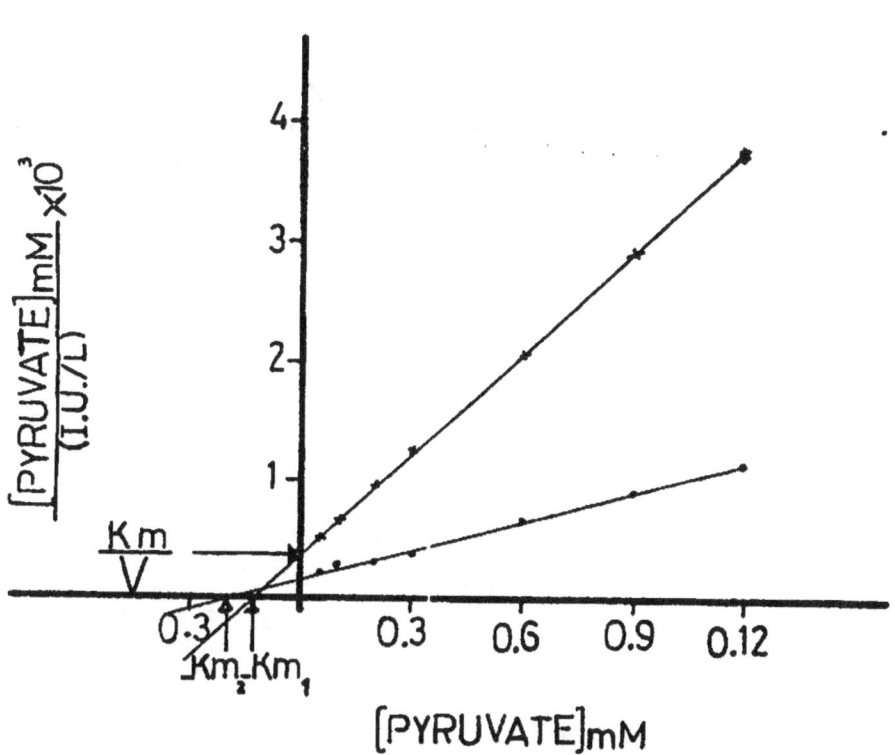

FIG.(6)

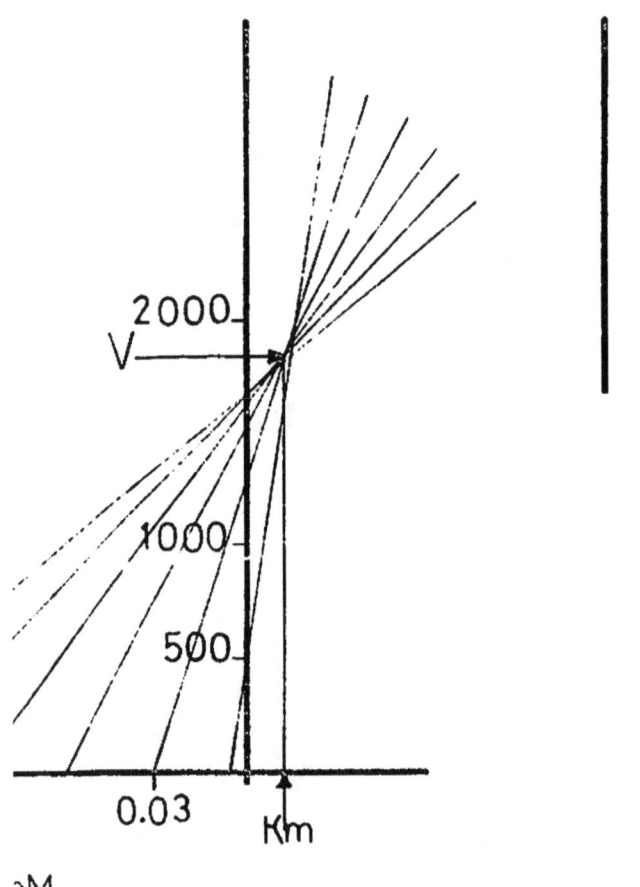

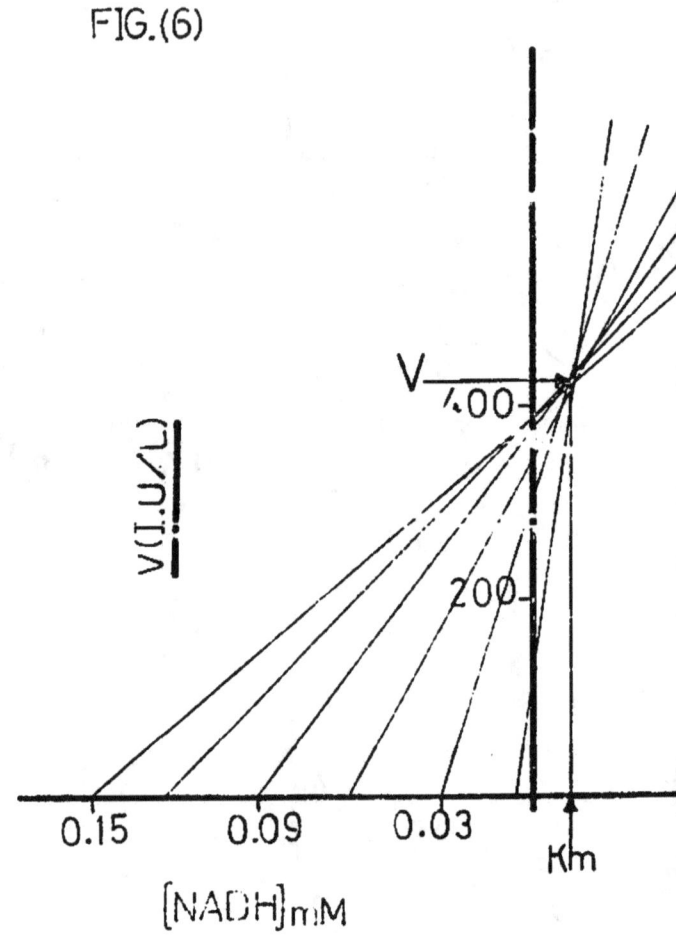

٣) ــ قياس، Km لمواد أساس الانزيم HBDH في أمصال الاطفال الاصحاء والاطفال المصابين بالكالاازار وفي درجة ٣٧°م .

ا) ــ قياس Km لحمض ٢ ـ اوكسوبيوتريك في أمصال الاطفال الاصحاء والمرضى ووفق طرق الرسم التالية : ــ

ـ طريقة الرسم الخطي المباشر : ــ

شكل (٨)
ـــــــــــ يوضح الطريقة الخطية المباشره لقياس Km لحمض ٢ ـ اوكسوبيوتريك، في أمصال الاطفال الاصحاء . ان طريقة العمل، والتراكيز المستعملة مذكورة في الجزء (ب ــ ٢) من تجارب البحث .

شكل (٩)
ـــــــــــ كما هو مذكور في تعليق شكل (٨) ولكن في مصل الاطفال المصابين بالكالاازار .

ـ طريقة لنويفر ــ بورك التي تربط القيم العكسية لكل من السرعة وتركيز مادة الاساس : ــ

شكل (١٠)
ـــــــــــ يوضح طريقة لنويفر ــ بورك لقياس، Km لحمض ٢ ـ اوكسوبيوتريك، في أمصال الاطفال الاصحاء (× ــ ×) والاطفال المصابين بالكالاازار (•ـــ•) . ان طريقة العمل والتراكيز المستعملة مذكورة في الجزء (ب ــ ٢) من تجارب البحث.

ـ طريقة هانس التي تربط بين تركيز مادة الأساس مقسوما على السرعة
وبين تركيز مادة الأساس ٠

شكل (١١)

يوضح طريقة هانس لقياس Km لحمض ٢ ـ اوكسوبيوتريك
في أمصال الاطفال الأصحاء (× ـــ ×) والاطفال المصابين
بالكالاازار (• ـــ •) . أما طريقة العمل والتراكيز المستعملة
فانها مذكورة في الجزء (ب ـ ٢) من تجارب البحث ٠

ب) قياس Km) لـ NADH في أمصال الأطفال الاصحاء والمصابين
بالكالاازار ٠

شكل (١٢)

يوضح الطريقة الخطية المباشره لقياس Km لـ NADH
لـ HBDH في أمصال الاطفال الاصحاء ٠ ان طريقة العمل والتراكيز المستعملة
مذكورة في الجزء (ب ـ ٣) من تجارب البحث ٠

شكل (١٣)

كما هو مذكور في تعليق شكل (١٢) ولكن في مصل الاطفال
المصابين بالكالاازار ٠

FIG. (8)

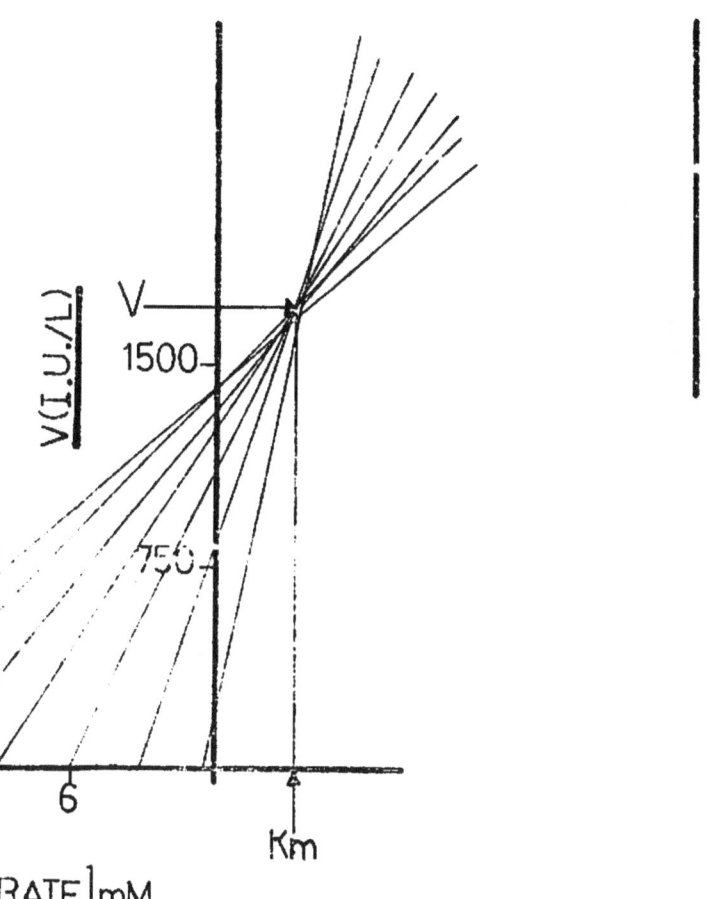

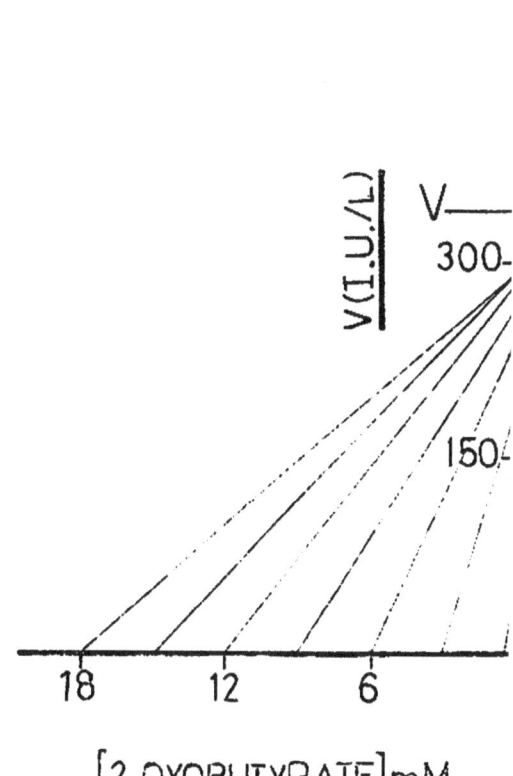

V(I.U./L)
V
1500
750
6
Km
RATE]mM
V(I.U./L)
V
300
150
18
12
6
[2_OXOBUTYRATE]mM

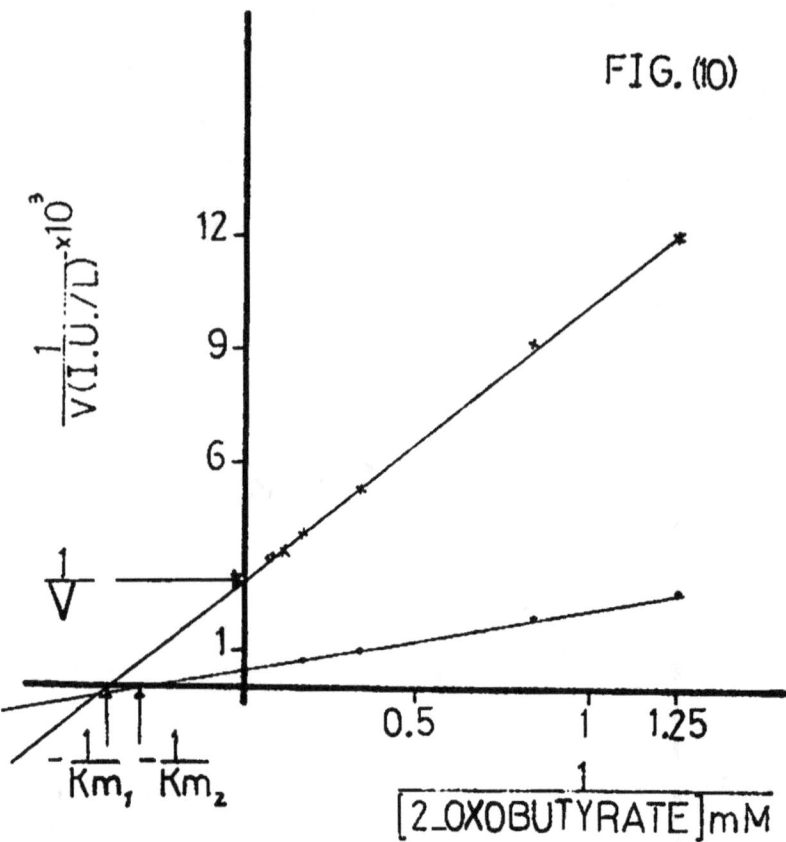

FIG.(10)

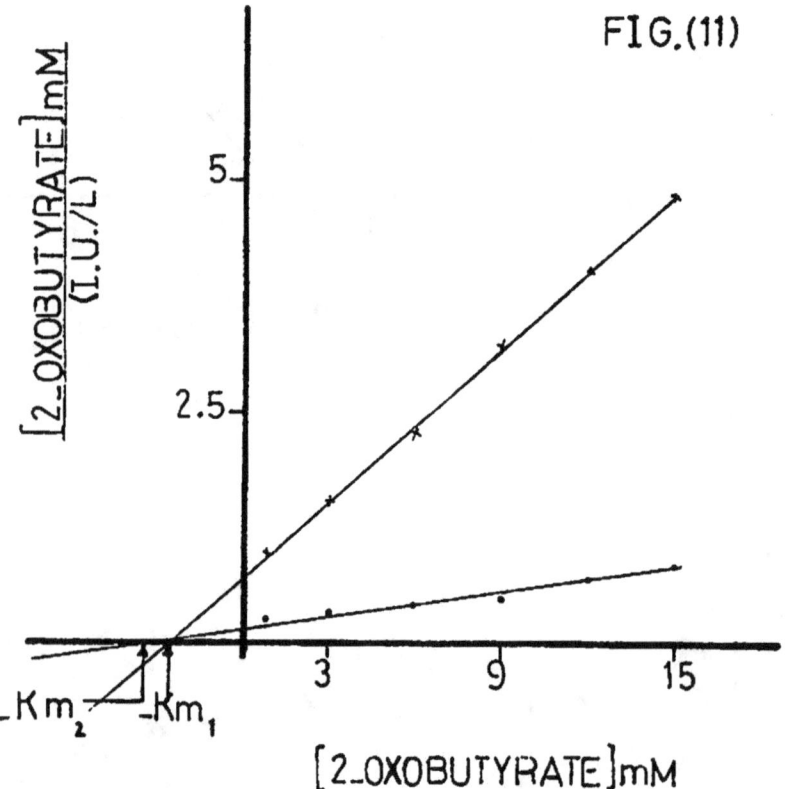

1 / V(I.U./L) x10^3
12
9
6
1/V
1
0.5
1
1.25
-1/Km1
-1/Km2
1/[2_OXOBUTYRATE]mM

FIG.(11)

[2_OXOBUTYRATE]mM / (I.U./L)
5
2.5
3
9
15
-Km2
-Km1
[2_OXOBUTYRATE]mM

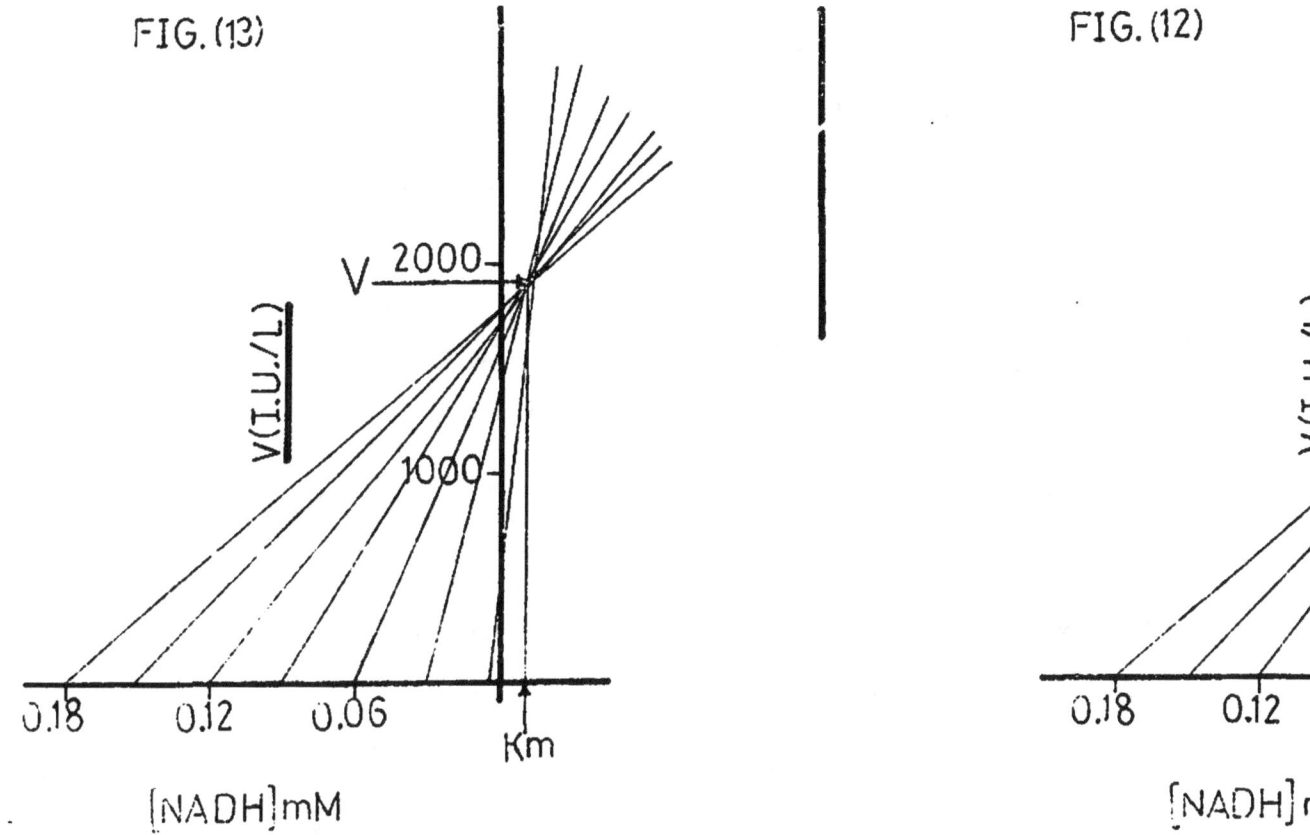

FIG. (13)

FIG. (12)

٤) ـ التجزئة الحرارية للمصل واثرها على الثابت Km للمواد الأساس للانزيمين LDH و HBDH في امصال الاطفال الاصحاء والاطفال المصابين بالكالاازار باستعمال طريقة الرسم الخطي المباشر : ـ

شكل (١٤)

يوضح قيمة Km لحمض البيروفيك للانزيم LDH في مصل الاطفال الاصحاء بعد حضن المصل في درجة ٦٠°م لمدة ٦٠ دقيقة حسب ما هو مذكور في الجزء (ب ـ ٦) من تجارب البحث.

شكل (١٥)

كما هو مذكور في تعليق شكل (١٤) ولكن في مصل الاطفال المرضى بالكالاازار .

شكل (١٦)

يوضح قيمة Km لحمض ٢ ـ اوكسوبيوتريك للانزيم HBDH في مصل الاطفال الاصحاء بعد حضن المصل في درجة ٦٠°م لمدة ٦٠ دقيقة حسب ما هو مذكور في الجزء (ب ـ ٦) من تجارب البحث .

شكل (١٧)

كما هو مذكور في تعليق شكل (١٦) ولكن في مصل الاطفال المرضى بالكالاازار .

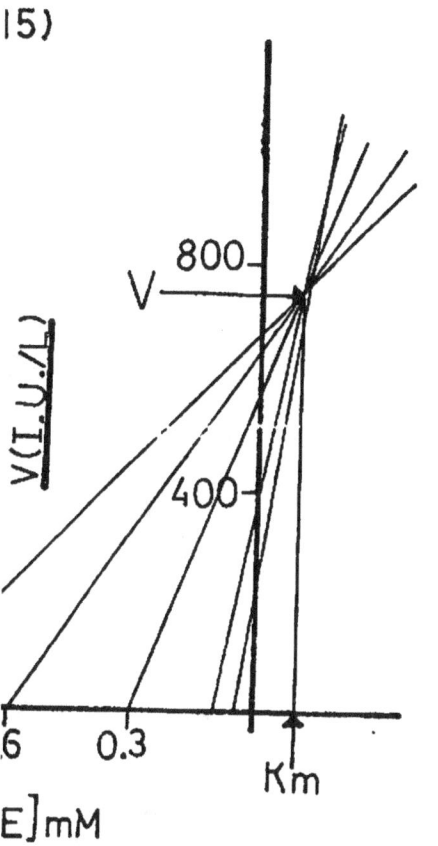

15)

V(I.U./L)

800

V

400

6   0.3   Km

E]mM

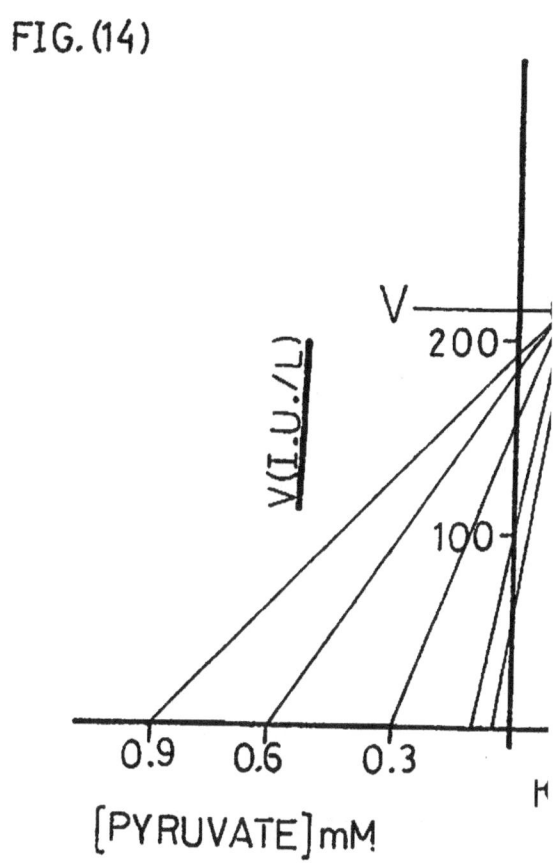

FIG.(14)

V(I.U./L)

V

200

100

0.9   0.6   0.3   K

[PYRUVATE]mM

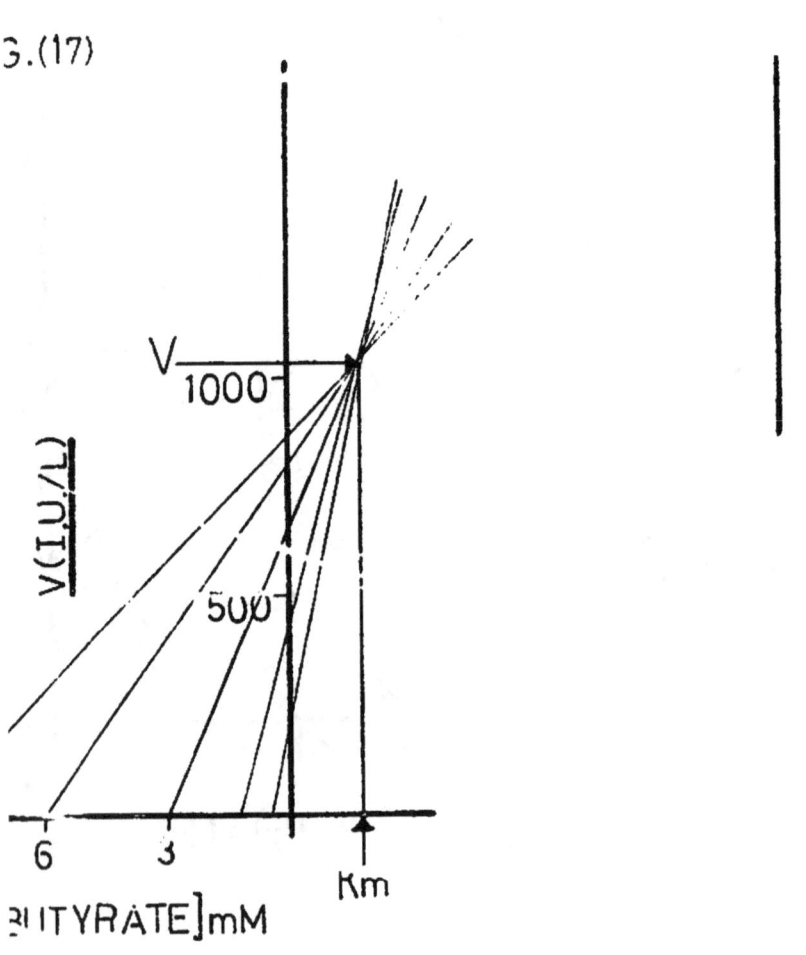

G.(17)

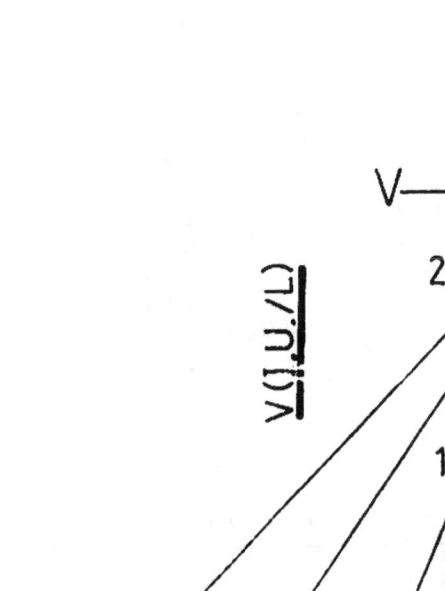

FIG.(16)

٥) ـ اثـــر درجة الأس الهيدروجيني على نشاط الانزيم LDH في أمصال الاطفال الاصحاء والاطفال المصابين بالكالازار ٠

شكل (١٨)

اثر درجة الأس الهيدروجيني على السرعة الابتدائيـــة Initial Velocity للتفاعل المحفز بالانزيم LDH في مصل الاطفال الاصحاء عند اختلاف تراكيز حمض البيروفيـــك وبقاء NADH في تركيزها الأمثـل ٠ ان الطريقة والتراكيـــز المستعملة مذكورة في الجزء (ب ـ ٧) من تجارب البحث ٠

(×———×) عند وجود حمض البيروفيك بتركيز ١٦٦٦٠ر٠ ٥
(●———●) عند وجود حمض البيروفيك بتركيز ٥٠ر٠ ٥
(△———△) عند وجود حمض البيروفيك بتركيز ١ ر٠ ٥
(○———○) عند وجود حمض البيروفيك بتركيز ٢ ر٠ ٥
(▲———▲) عند وجود حمض البيروفيك بتركيز ٣ ر٠ من $\frac{1}{1000}$ من الوزن الجزيئي الغرامـي ٠

شكل (١٩)

كما هو مذكور في تعليق شكل (١٨) ولكن في مصـــل الأطفال المصابـين بالكالازار ٠

شكل (٢٠)

يوضح العلاقة بين درجة الأس الهيدروجيني ونشاط LDH في أمصال الاطفال الاصحاء وذلك من رسم لوغاريتم السرعة الابتدائية للانزيم ضد درجة الأس الهيدروجيني بوجود تراكيز مختلفة من حمض البيروفيك . أن طريقة العمل والتراكيز المستعملة مذكورة في جزء (ب ـ ٧) من تجارب البحث .

(○—○) عندما يكون تركيز حمض البيروفيك ٠٥ ر٠ ٥

(×—×) عندما يكون تركيز حمض البيروفيك ١ ر٠ ٥

(●—●) عندما يكون تركيز حمض البيروفيك ٢ ر٠ من $\frac{١}{١٠٠٠}$ من الوزن الجزيئي الغرامي .

شكل (٢١)

كما هو مذكور في تعليق شكل (٢٠) ولكن في مصل الاطفال المصابين بالكالازار .

شكل (٢٢)

يوضح تاثير درجة الأس الهيدروجيني على الثابت Km لحمض البيروفيك في مصل الاطفال الاصحاء وذلك من رسم لوغاريتم معكوس قيمة Km (pKm) ضد درجة الأس الهيدروجيني . ان طريقة العمل والتراكيز المستعملة مذكورة في الجزء (ب ـ ٧) من تجارب البحث .

شكل (٢٣)

كما هو مذكور في تعليق شكل (٢٢) ولكن في مصل الاطفال المصابين بالكالازار .

شكل (٢٤)

يمثل هذا الشكل اثر درجات الأس الهيدروجيني المختلفة على نشاط LDH في مصل الاطفال الاصحاء وذلك برسم العلاقة بين مقلوب السرعة الاولية وبين مقلوب تركيز حمض البيروفيك عند استعمال درجات أس هيد روجيني مختلفة . ان طريقة العمل والتراكيز المستعملة مذكورة في الجزء (ب — ٧) من تجارب البحث .

(×——×) تمثل درجة ٤ ر٧ من الأس الهيد روجيني ،

(○——○) تمثل درجة ٠٨٣ ر٧ من الأس الهيد روجيني ،

(●——●) تمثل درجة ٧١٩ ر٦ من الأس الهيد روجيني ،

(∆——∆) تمثل درجة ٢٠٤ ر٦ من الأس الهيد روجيني .

شكل (٢٥)

كما هو مذكور في تعليق الشكل (٢٤) ولكن في مصل الاطفال المصابين بالكالازار .

FIG.(18)

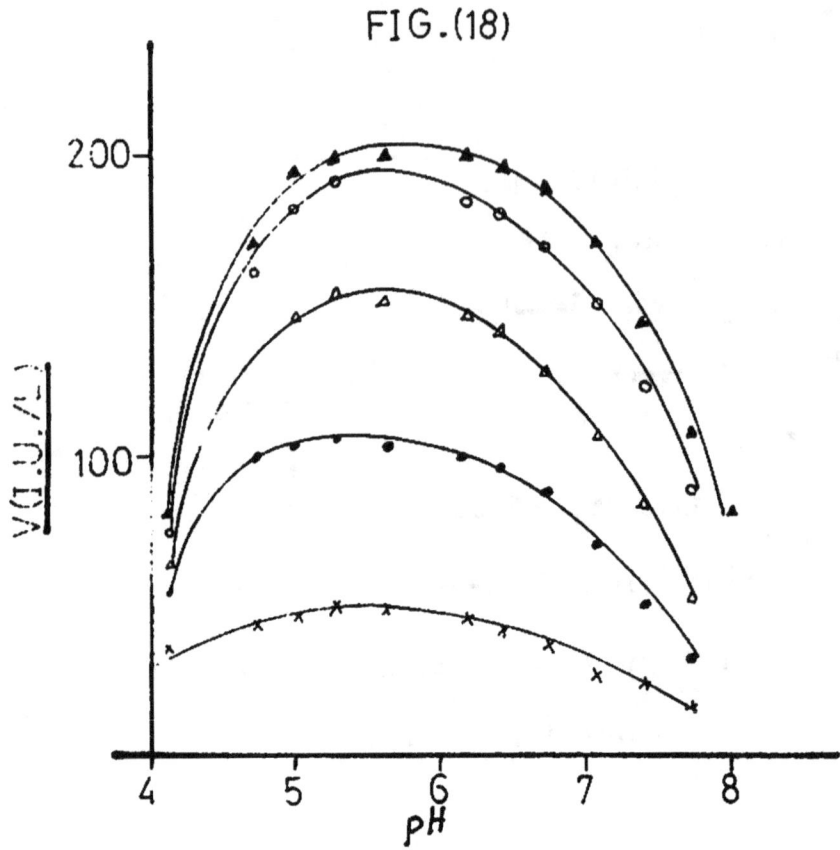

FIG.(19)

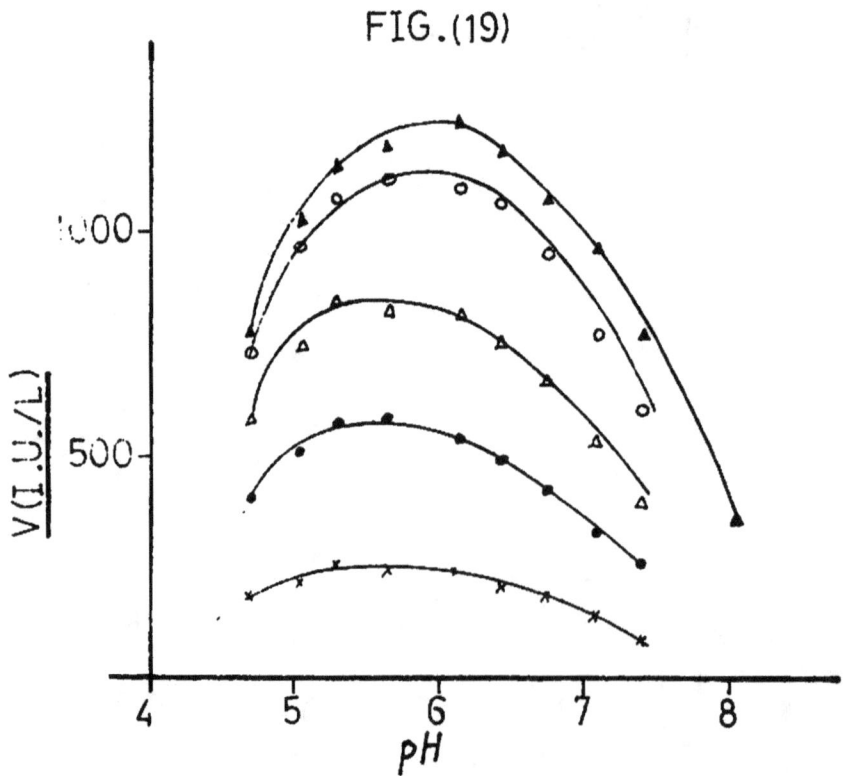

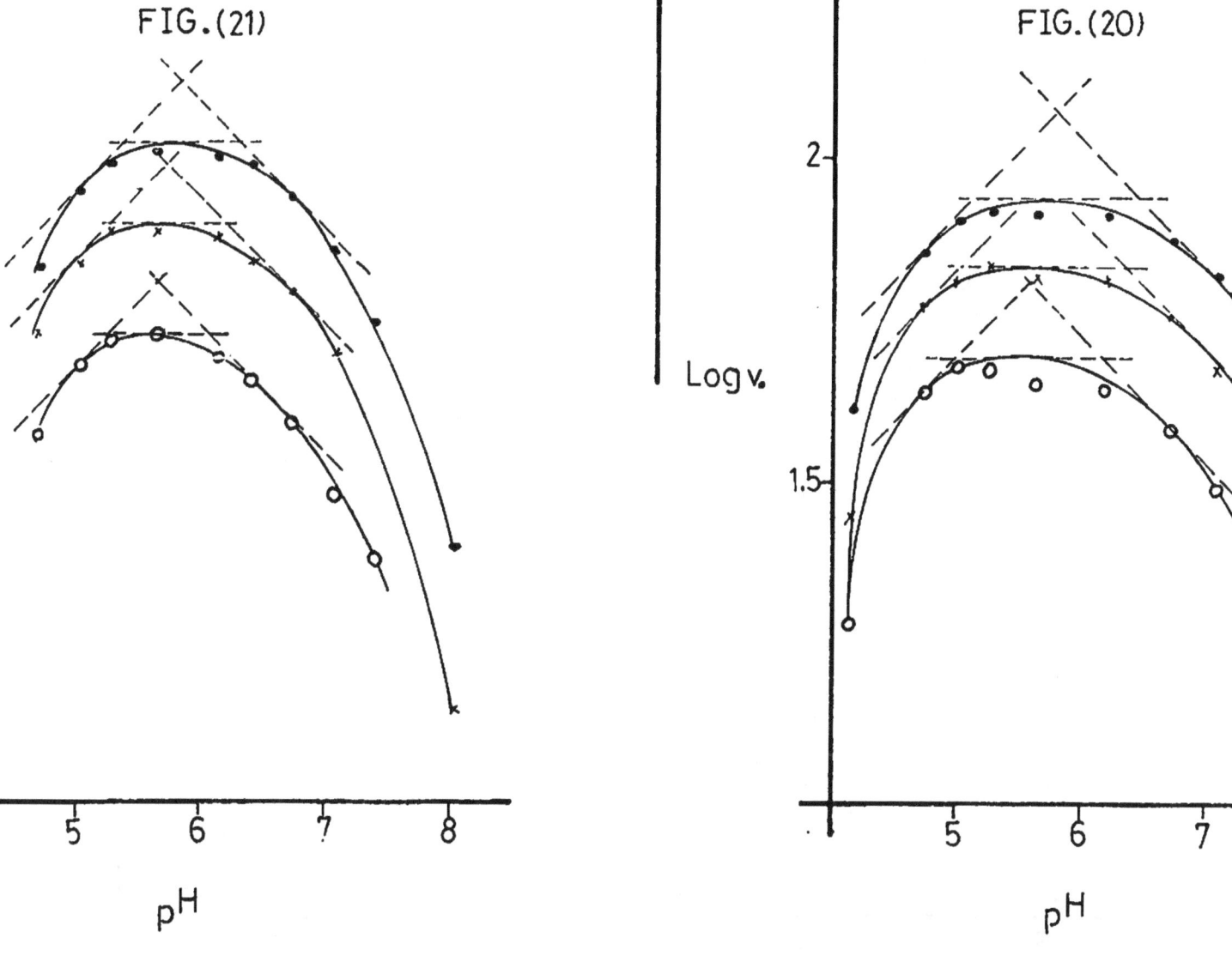

FIG.(21)

5
pH

FIG.(20)

Log v.
2
1.5
5
pH

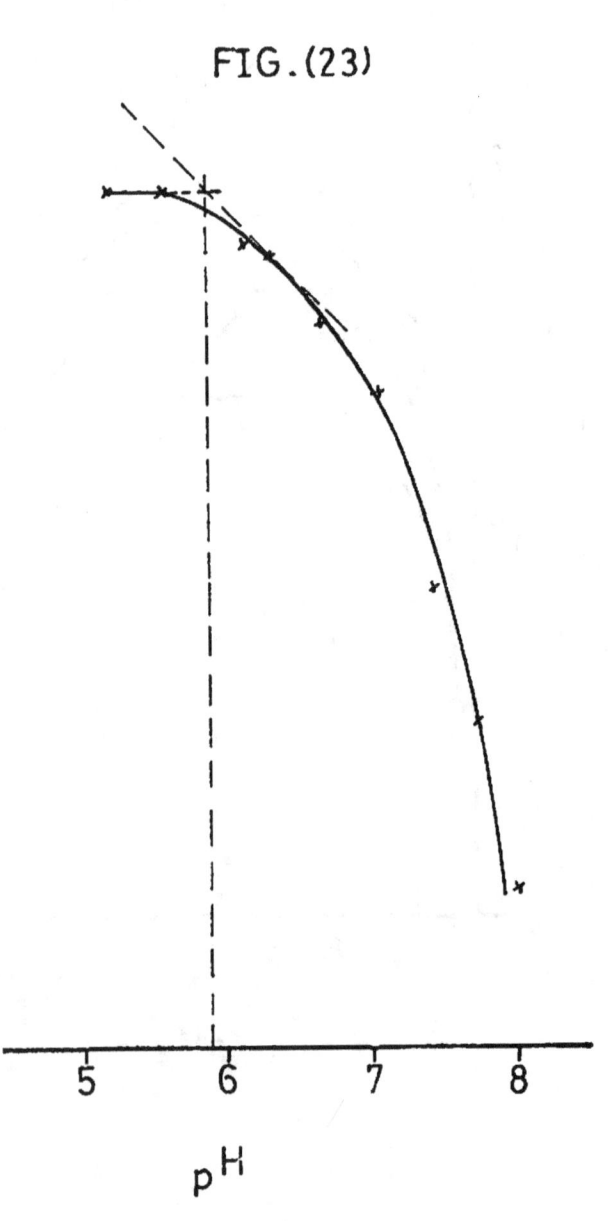

FIG.(23)

$_p H$

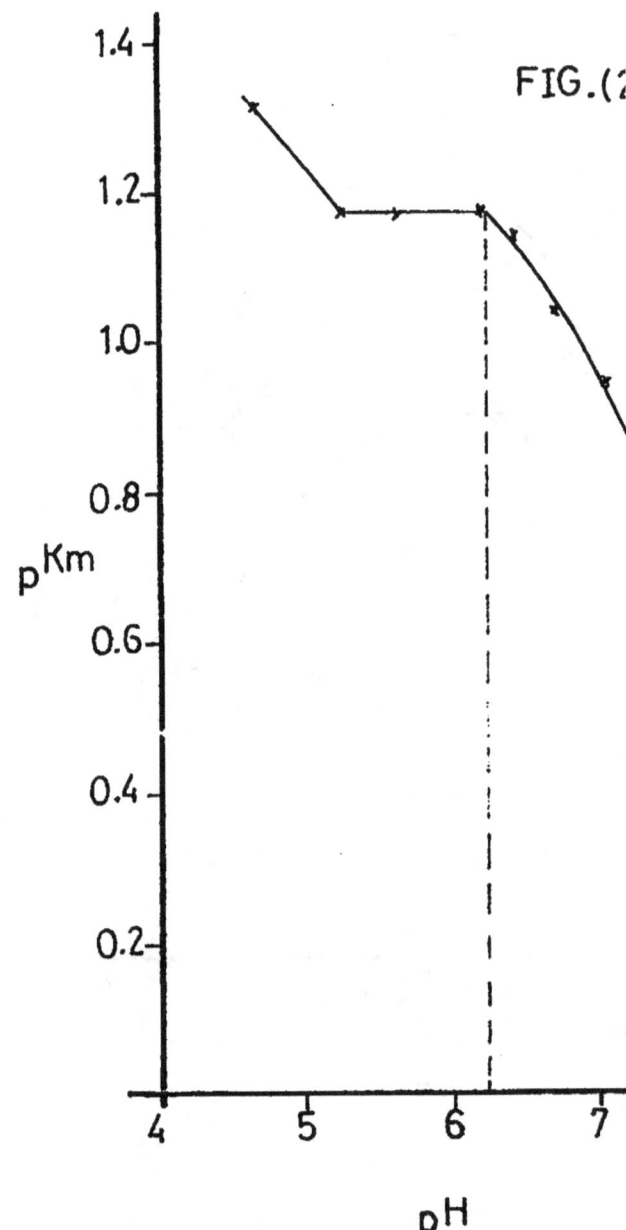

FIG.(2

$_p{}^{Km}$

$_p H$

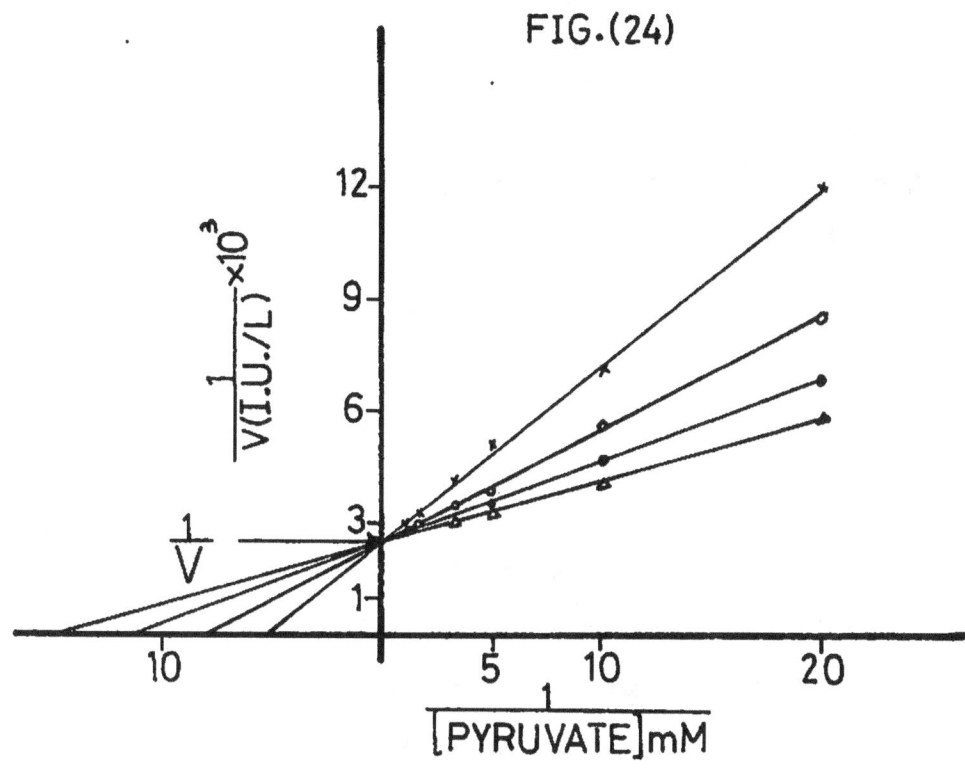

FIG.(24)

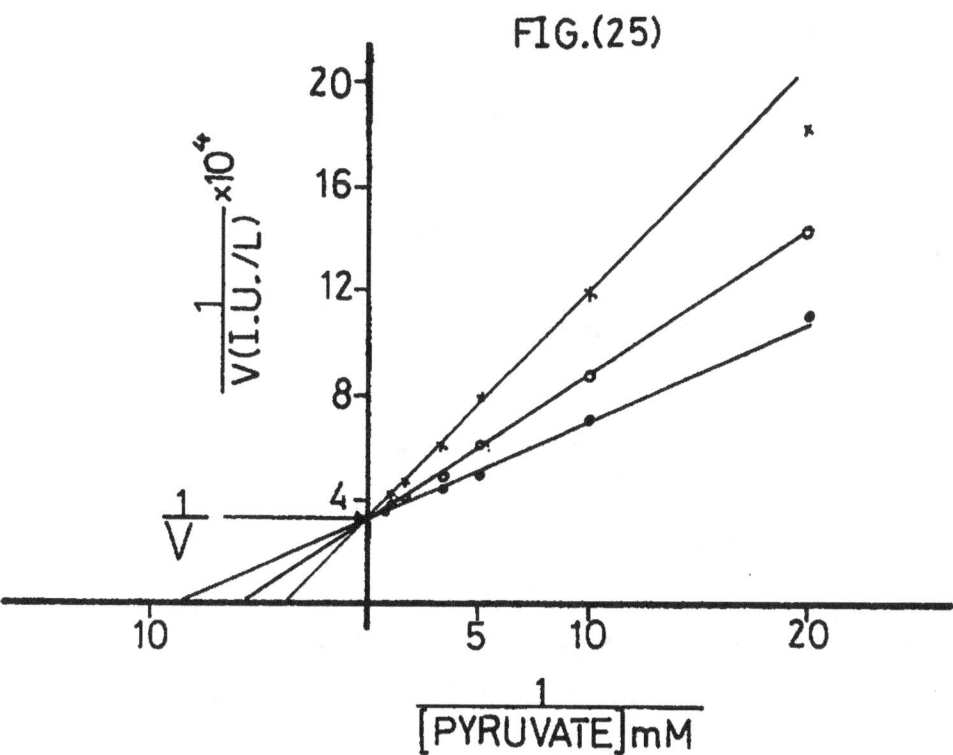

12
9
6
3
1
$\frac{1}{V(I.U./L)} \times 10^3$
$\frac{1}{V}$
10
5
10
20
$\frac{1}{[PYRUVATE]}$ mM

FIG.(25)

20
16
12
8
4
$\frac{1}{V(I.U./L)} \times 10^4$
$\frac{1}{V}$
10
5
10
20
$\frac{1}{[PYRUVATE]}$ mM

٦) — كبت التراكيز المرتفعة من مادة الاساس حمض البيروفيك للانزيم LDH في امصال الاطفال الاصحاء والاطفال المصابين بالكالازار ، عند استعمال درجات اس هيدروجيني مختلفة ، وفي درجة ٣٧° م .

شكل (٢٦)

يوضح هذا الشكل العلاقة بين السرعة الاولية وبين تركيز حمض البيروفيك للانزيم LDH في مصل الاطفال الاصحاء عند استعمال مجال واسع من تراكيز مادة الاساس (١٦٦٦ر٠ — ١٨) من $\frac{1}{1000}$ من الوزن الجزيئي الغرامي لحمض البيروفيك وفي درجات اس هيدروجيني مختلفة ، كما هو مذكور في الجزء (ب — ٧) من تجارب البحث . (×——×) في درجة ٢ر٦ من الاس الهيدروجيني . (o——o) في درجة ٤ر٧ من الاس الهيدروجيني ، و (•——•) في درجة ٠٢٠ر٨ من الاس الهيدروجيني .

شكل (٢٧)

كما هو مذكور في تعليق الشكل (٢٦) ولكن في مصل الاطفال المصابين بالكالازار .

شكل (٢٨)

كما هو مذكور في تعليق الشكل (٢٦) ولكن برسم العلاقة بين معكوس السرعة الاولية وبين تركيز حمض البيروفيك .

شكل (٢٩)

كما هو مذكور في تعليق الشكل (٢٨) ولكن في مصل الاطفال المصابين بالكالازار .

FIG.(27)

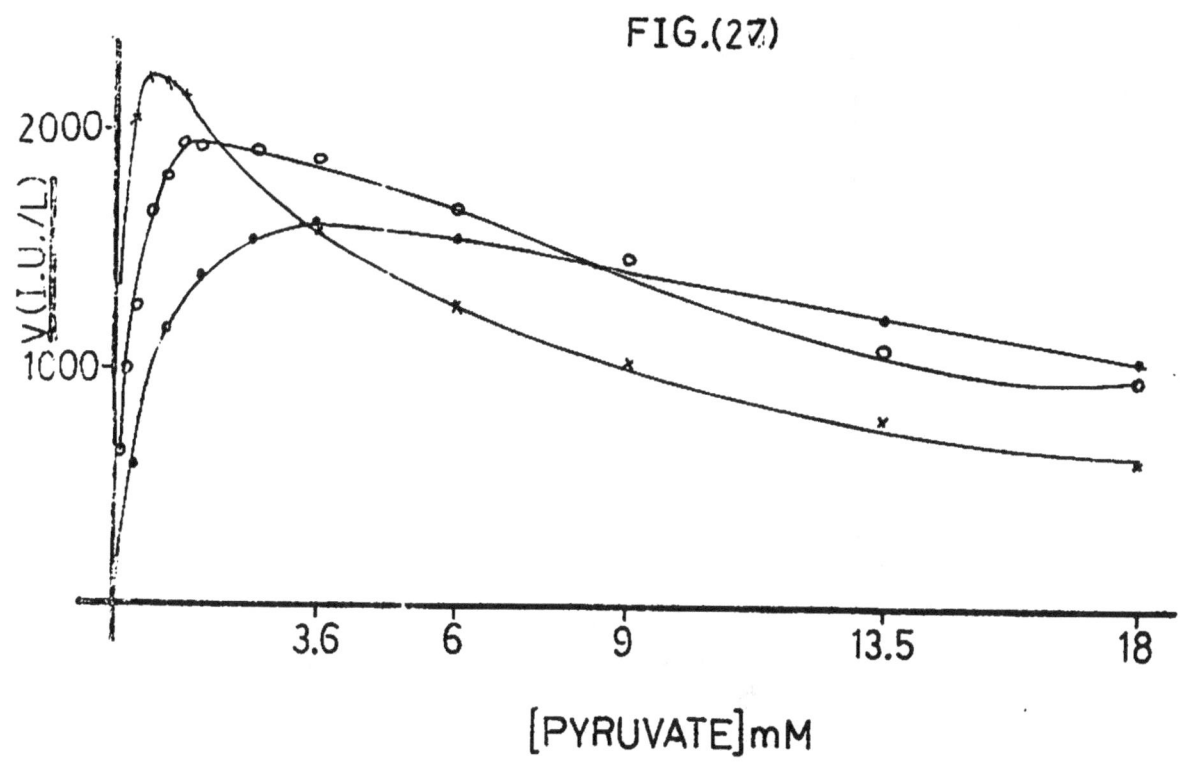

2000
1000
V(I.U./L)
3.6
6
9
13.5
18
[PYRUVATE]mM

FIG.(26)

300
150
V(I.U./L)
3.6
6
9
13.5
18
[PYRUVATE]mM

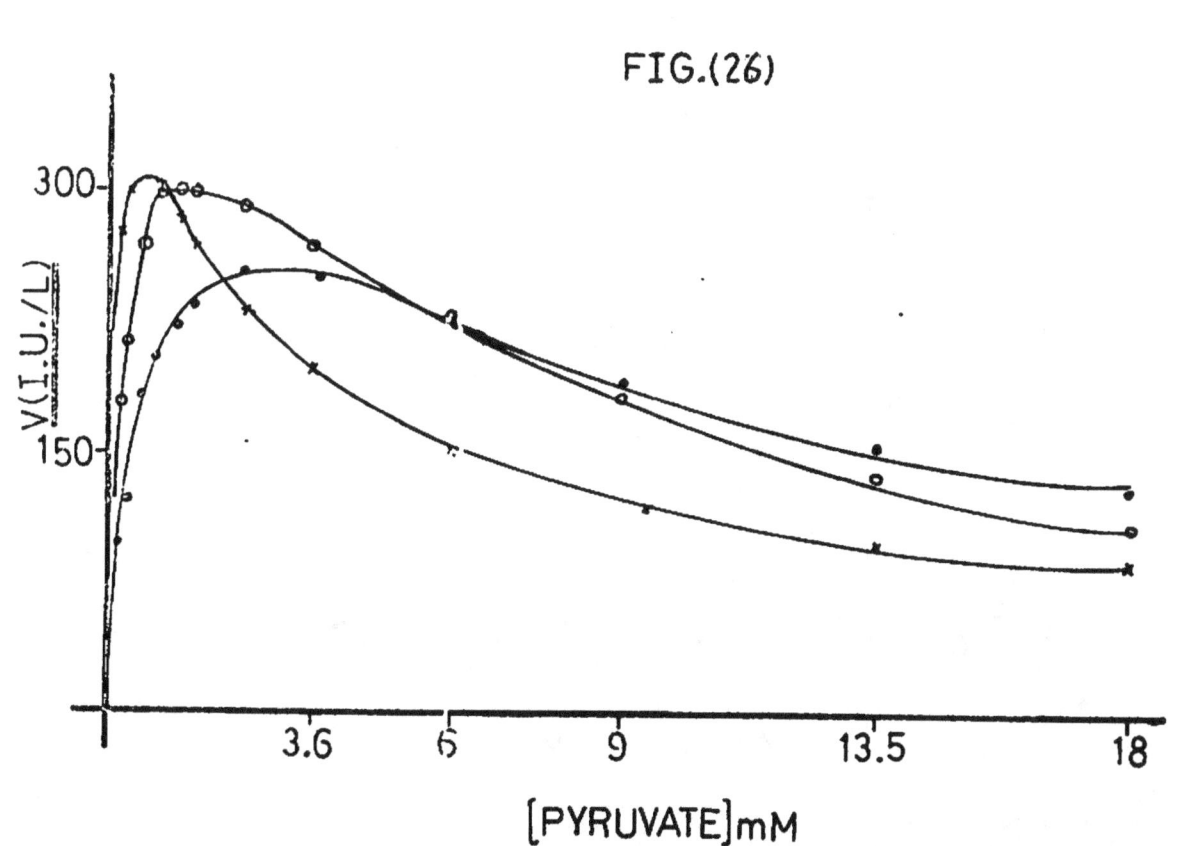

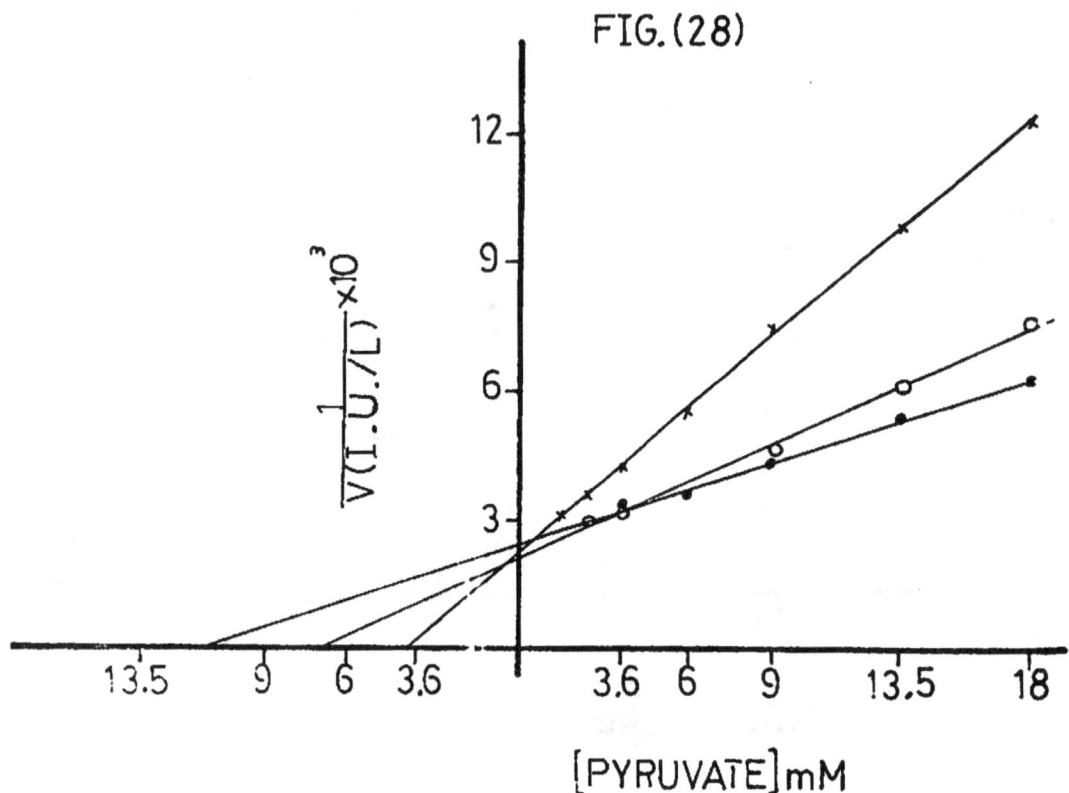

FIG. (28)

12
9
6
3
1 / V(I.U./L) ×10³
13.5
9
6
3.6
3.6
6
9
13.5
18
[PYRUVATE] mM

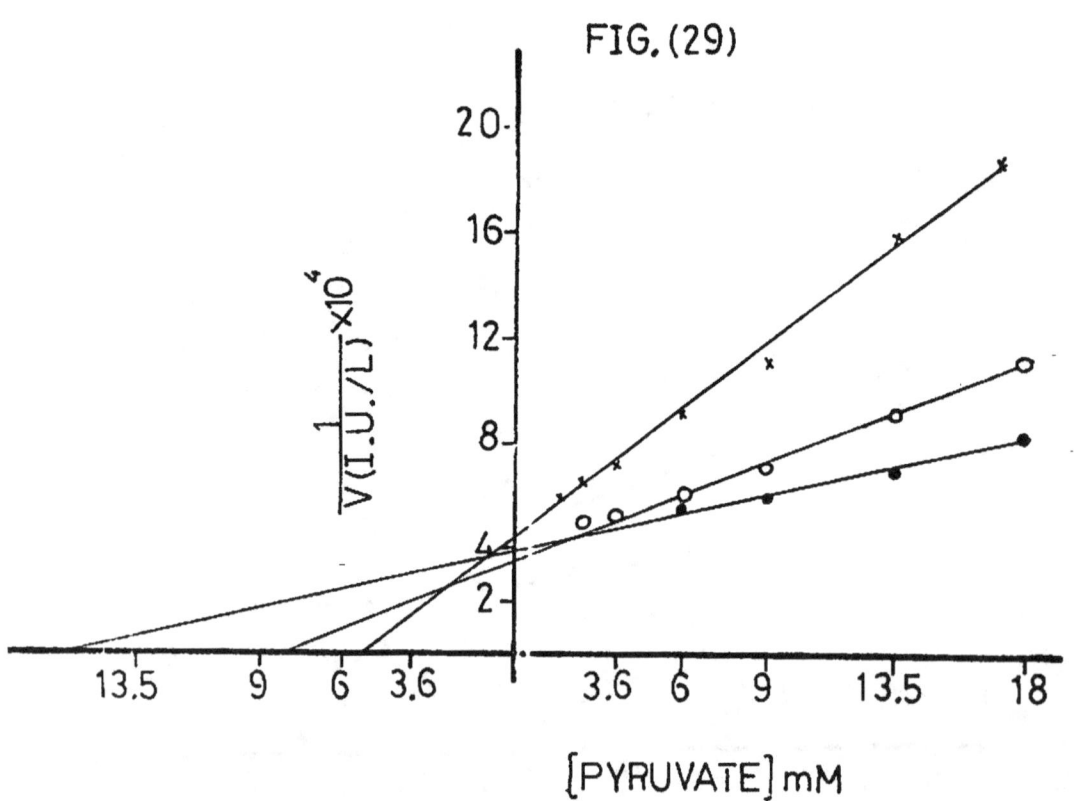

FIG. (29)

20
16
12
8
4
2
1 / V(I.U./L) ×10⁴
13.5
9
6
3.6
3.6
6
9
13.5
18
[PYRUVATE] mM

٧) — كبت الاوكزالات (Oxalate) للانزيم LDH في أمصال الاطفال الاصحاء والاطفال المصابين بالكالاازار وفي درجة ٣٧°م .

شكل (٣٠)

يمثل هذا الشكل الكبت الاوكزالات لـ LDH في مصل الاطفال الاصحاء وذلك من رسم العلاقة بين السرعة الاولية وتركيز حمض البيروفيك بوجود تراكيز مختلفة من الاوكزالات . ان طريقة العمل والتراكيز المستعملة مذكوره في الجزء (ب — ٩) من تجارب البحث .

(×—×) عند عدم وجود الكابت ، (○—○) عندما يكون تركيز الكابت ٠٥ ر٠ ، (●—●) عندما يكون تركيز الكابت ٣ ر٠ من $\frac{1}{1000}$ من وزنه الجزيئي الغرامي .

شكل (٣١)

كما هو مذكور في تعليق الشكل (٣٠) ولكن في أمصال الاطفال المصابين بالكالاازار .

شكل (٣٢)

يبين هذا الشكل كبت الاوكزالات لـ LDH في مصل الاطفال الاصحاء وذلك من رسم العلاقة بين معكوس السرعة الاولية وبين معكوس تركيز حمض البيروفيك عند وجود NADH بتركيزها الامثل (١٨ ر٠ من $\frac{1}{1000}$ من الوزن الجزيئي الغرامي) ، ان طريقة العمل والتراكيز المستعملة مذكورة في الجزء (ب — ٩) من تجارب البحث .

(×—×) عند عدم وجود الكابت ، (○—○) عند وجود تركيز ٠٥ ر٠ ، (●—●) عند وجود ١ ر٠ ،

(△——△) بوجود تركيز ٢ ر٠ ، (▲——▲) عند وجود تركيز ٣ ر٠ ، (□——□) عند وجود تركيز ٤ر٠ من ١/١٠٠٠ من الوزن الجزيئي الغرامي من الاوكزالات .

شكل (٣٣)

كما هو مذكور في تعليق شكل (٣٢) ولكن عند رسم العلاقة بين معكوس سرعة التفاعل للانزيم مقابل تركيز الاوكزالات . (×——×) بوجود تركيز ٠٥ ر٠ من حمض البيروفيك ، (○——○) بوجود ١ ر٠ ، (●——●) بوجود ٢ ر٠ ، (△——△) بوجود ٣ر٠ ، (▲——▲) بوجود ٦ر٠ ، (■——■) بوجود ٩ ر٠ من ١/١٠٠٠ من الوزن الجزيئي الغرامي لحمض البيروفيك .

شكل (٣٤)

كما هو مذكور في تعليق شكل (٣٢) لكن في مصل الاطفال المصابين بالكالازار .

شكل (٣٥)

كما هو مذكور في تعليق شكل (٣٣) ولكن في مصل الاطفال المصابين بالكالازار . (×——×) بوجود تركيز ١ ر٠ من حمض البيروفيك ، (○——○) بوجود ٢ ر٠ ، (●——●) بوجود ٣ ر٠ ، (△——△) بوجود ٦ ر٠ ، (▲——▲) بوجود ٩ ر٠ ، (□——□) بوجود ٢ ر١ من ١/١٠٠٠ من الوزن الجزيئي الغرامي لحمض البيروفيك .

شكل (٣٦)

يوضح كبت الاوكزالات لـ LDH في مصل الاطفـــال الاصحاء وذلك برسم معكوس السرعة ضـد تركيز الاوكـــزالات عند وجود حمض البيروفيك بتركيز ٢ ر١ من $\frac{١}{١٠٠٠}$ من وزنـــه الجزيئي الغرامي ٠ ان طريقة العمل والتراكيز المستعملـــة مذكورة في جزء (ب ــ ٩) من تجارب البحث ؛ (× ــــ ×) عند وجود تركيز ٠٣٦ر٠ من NADH ؛ (o ــــ o) عند وجود ٠٧٢ر٠ ؛ (● ــــ ●) عند وجود ١٨ ر٠ ــ من $\frac{١}{١٠٠٠}$ من الوزن الجزيئي الغرامي لـ NADH ؛

شكل (٣٧)

كما مذكور في تعليق الشكل (٣٦) ولكن في مصل الاطفال المصابين بالكالاازار ٠ ٠

FIG. (30)

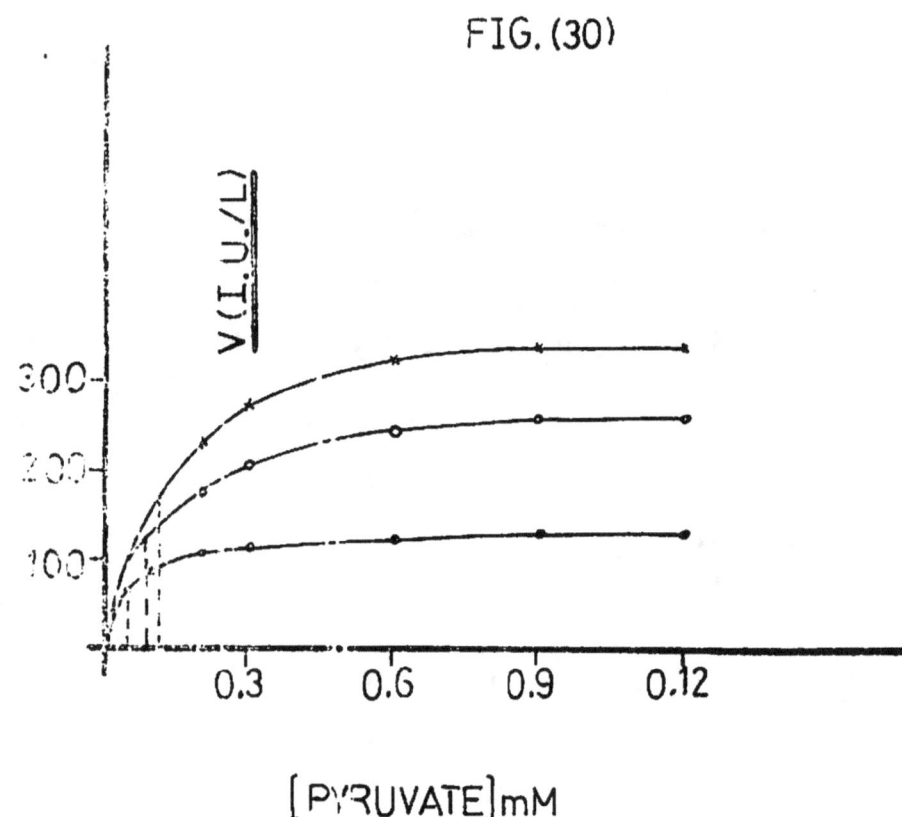

[PYRUVATE]mM

FIG. (31)

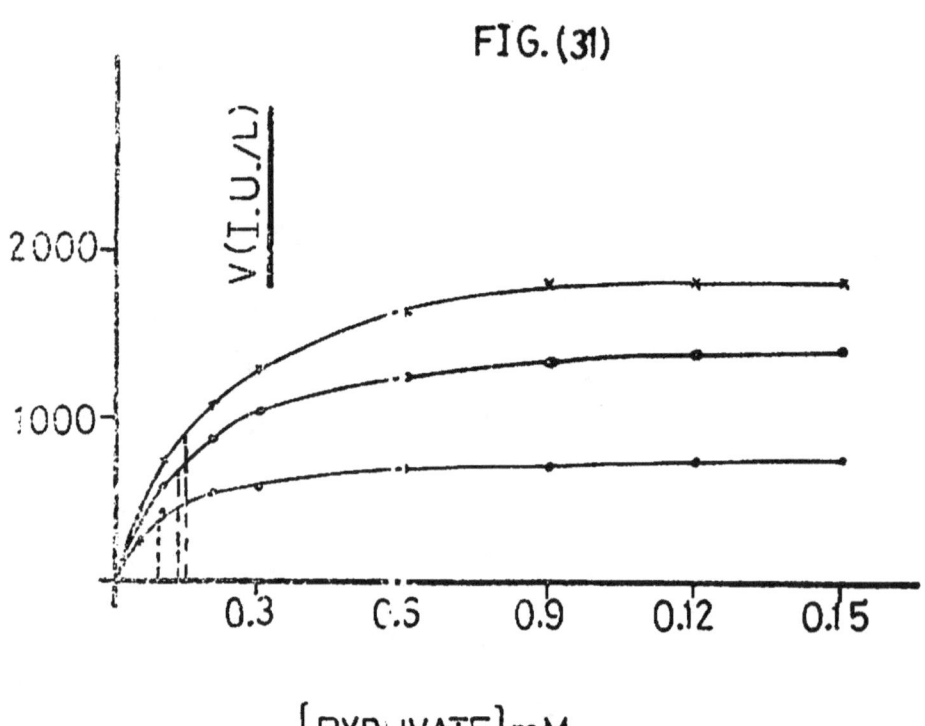

[PYRUVATE]mM

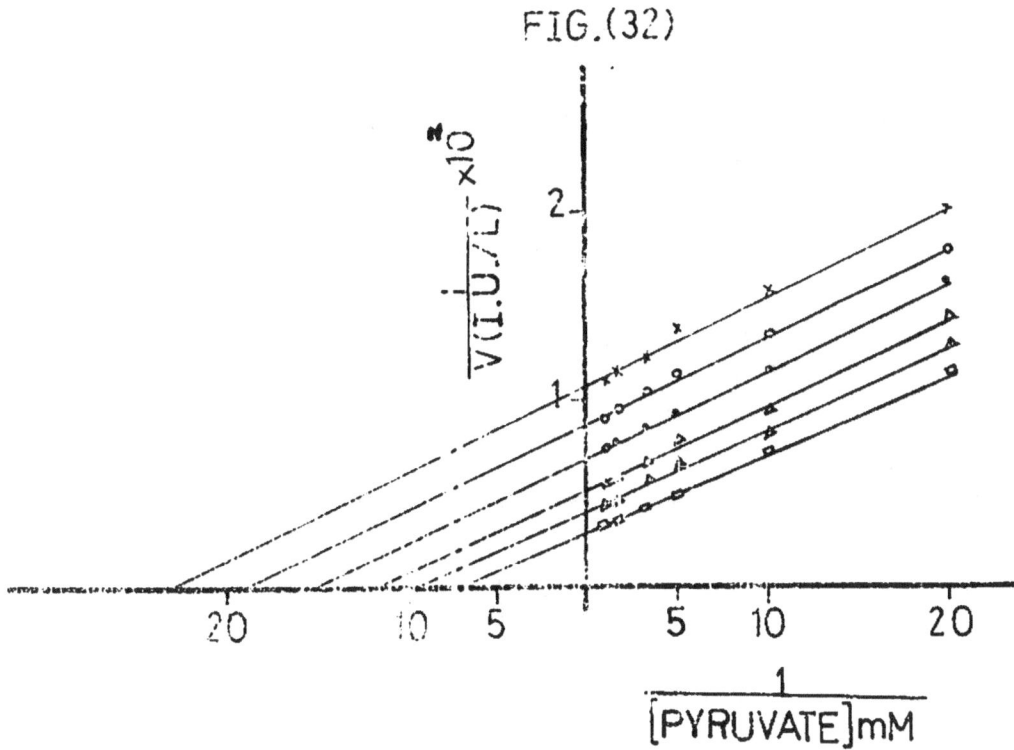

FIG.(32)

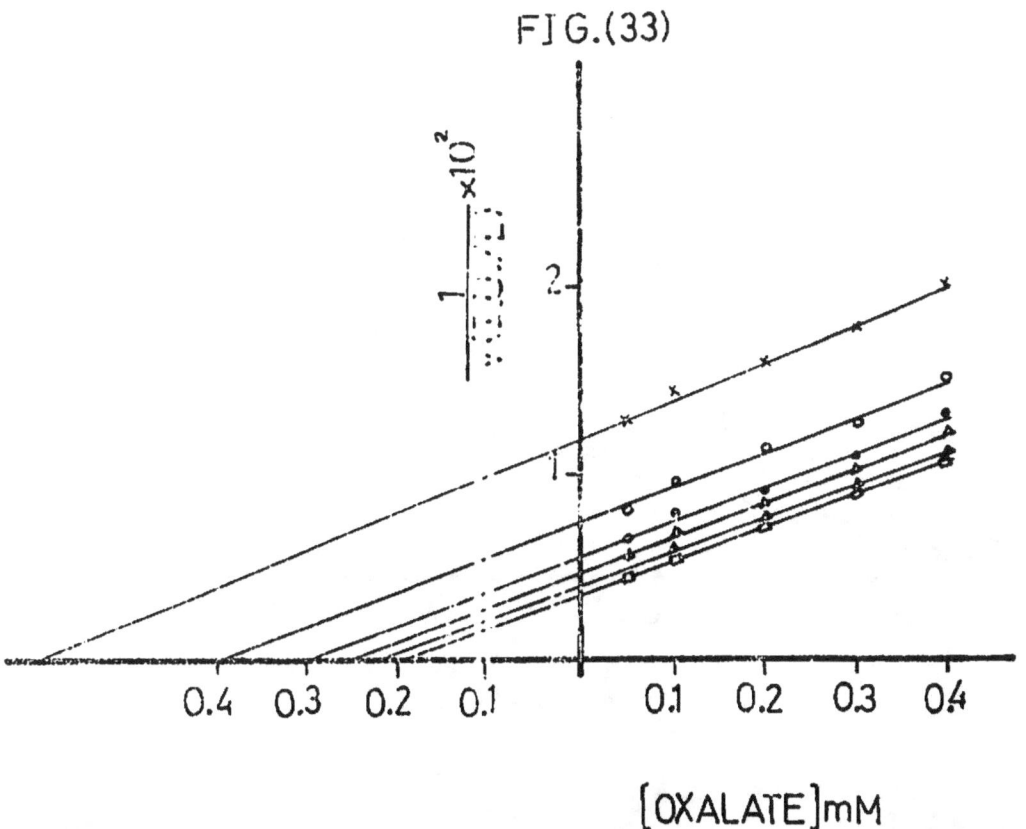

$\frac{1}{V(I.U./L)} \times 10^{2}$
2
1
20
10
5
5
10
20
$\frac{1}{[PYRUVATE]mM}$

FIG.(33)

2
1
0.4
0.3
0.2
0.1
0.1
0.2
0.3
0.4
[OXALATE]mM

FIG.(34)

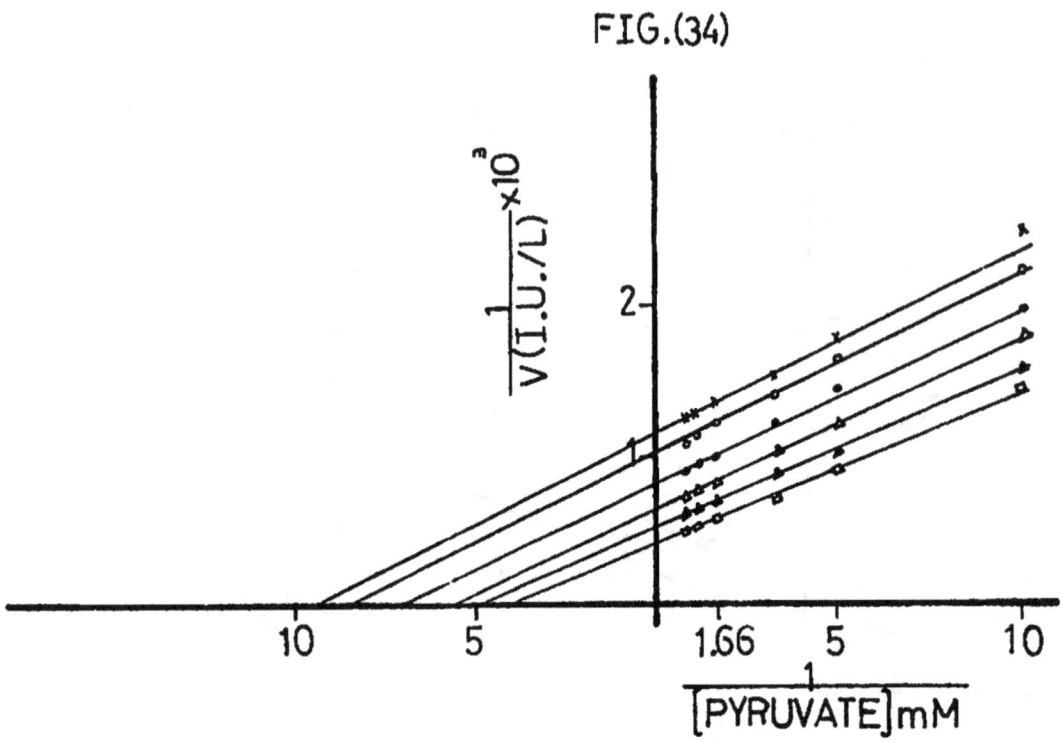

$\frac{1}{V(I.U./L)} \times 10^3$
2
1
10
5
1.66
5
10
$\frac{1}{[PYRUVATE]mM}$

FIG.(35)

$\frac{1}{V(I.U./L)} \times 10^3$
2
1
0.6
0.4
0.2
0.1
0.2
0.3
0.4
[OXALATE]mM

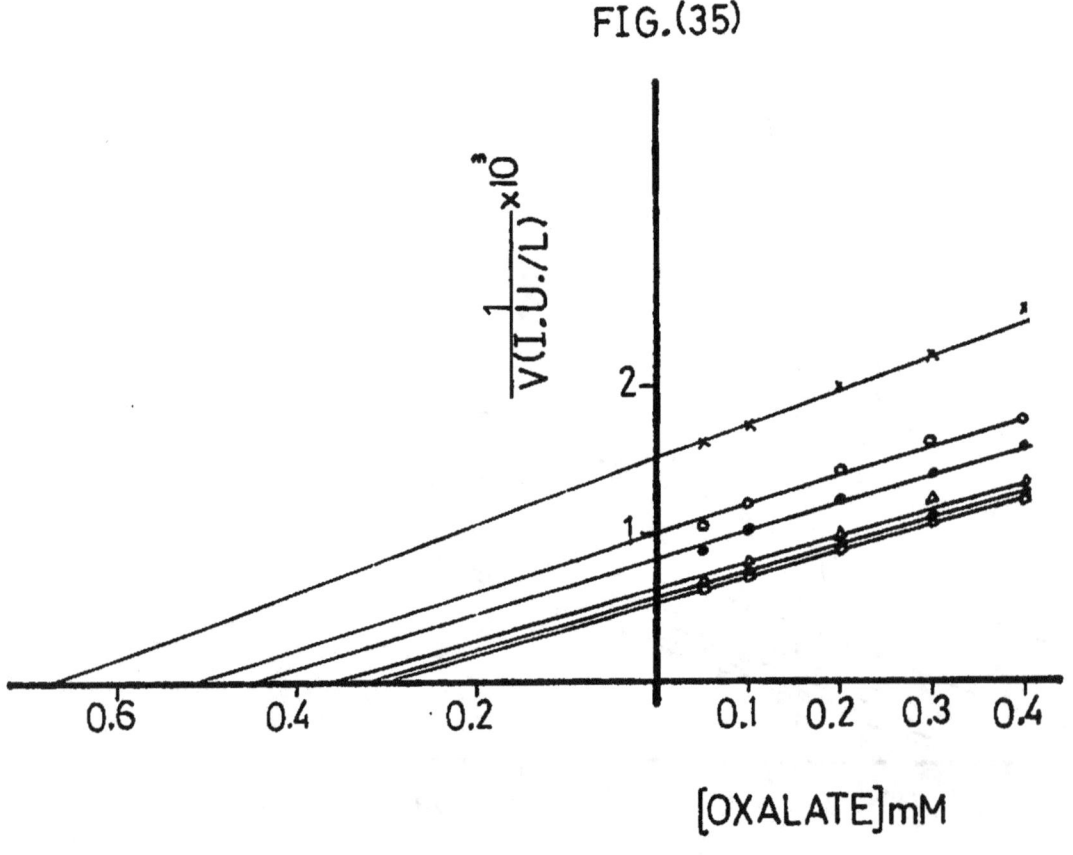

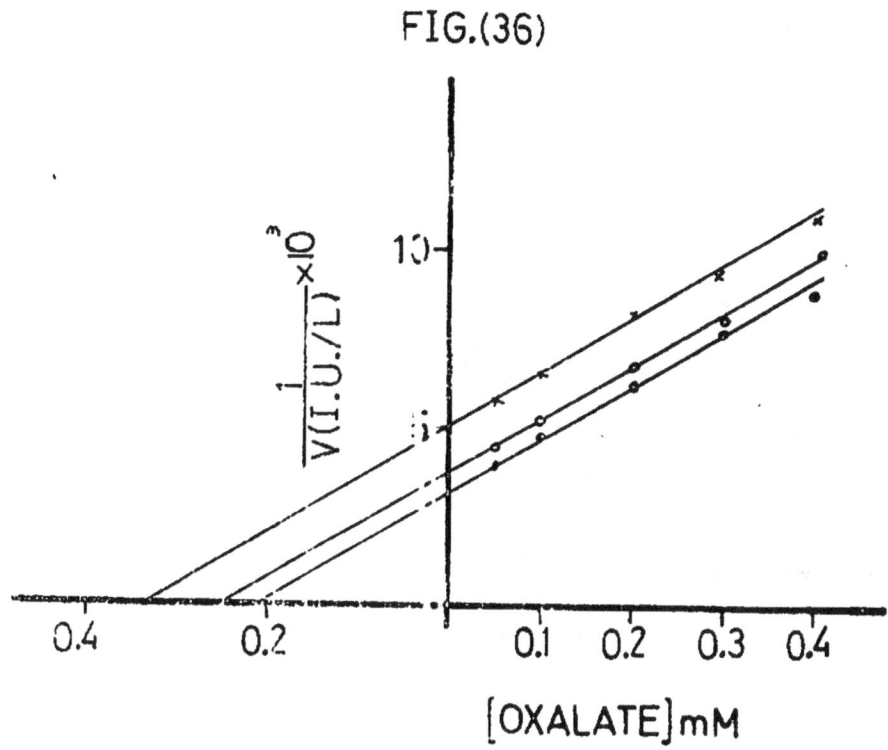

FIG.(36)

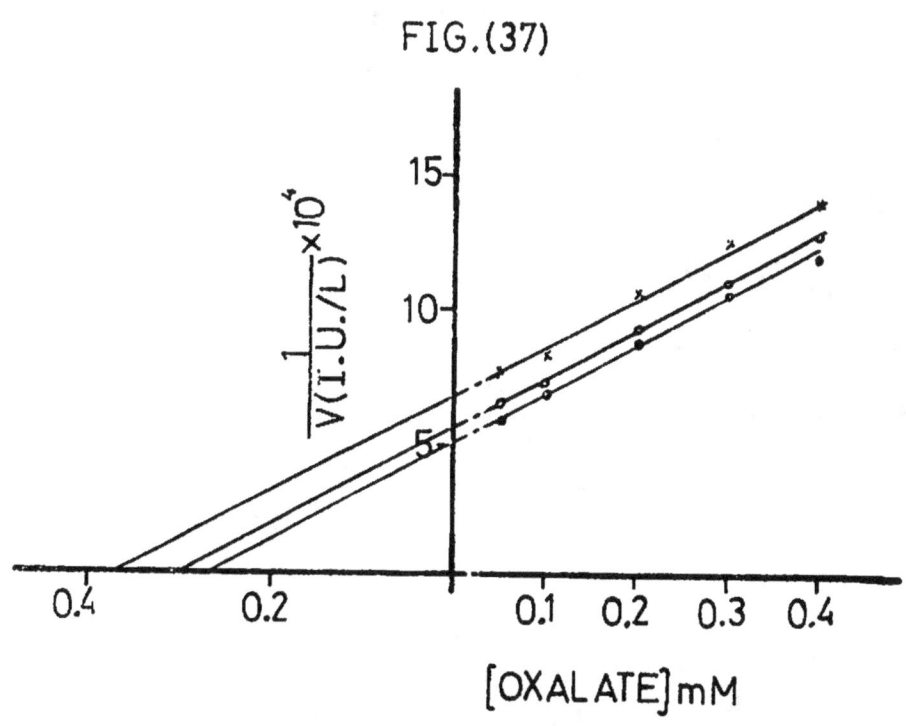

$\frac{1}{V(I.U./L)} \times 10^3$
10
5
0.4
0.2
0.1
0.2
0.3
0.4
[OXALATE]mM

FIG.(37)

$\frac{1}{V(I.U./L)} \times 10^4$
15
10
5
0.4
0.2
0.1
0.2
0.3
0.4
[OXALATE]mM

٨) — كبت اليوريا (Urea) للانزيم LDH في امصال الاطفال الاصحاء والاطفال المصابين بالكالاازار وفي درجة ٣٧°م .

شكل (٣٨)

————— يبين الشكل كبت اليوريا لـ LDH في مصل الاطفال الاصحاء ومقارنته بمصل الاطفال المصابين بالكالاازار عند استعمال تراكيز تتراوح بين ٢ر٠ – ٢ من الوزن الجزيئي الغرامــي لليوريا وبوجود حمض البيروفيك بتركيز ٩ ر٠ من $\frac{1}{١٠٠٠}$ مــن الوزن الجزيئي الغرامي و NADH بتركيز ١٨ ر٠ من $\frac{1}{١٠٠٠}$ مــن وزنها الجزيئي الغرامي ، وذلك برسم العلاقة بين "نسبة سرعــة التفاعل عند عدم وجود الكابت الى سرعة التفاعل عند وجـــــود الكابت ($\frac{v}{v_1}$)" ضد تركيز مادة الكبت اليوريا .

(×———×) لمصل الاطفال الاصحاء ، (●———●) لمصــل الاطفال المصابين بالكالاازار .

شكل (٣٩)

————— يمثل هذا الشكل كبت اليوريا لـ LDH في مصل الاطفــال الاصحاء ، وذلك برسم العلاقة بين السرعة الاولية وتركيز حمــــض البيروفيك عنــد وجود تراكيز مختلفة من اليوريا . ان طريقة العمل والتراكيز المستعملة مذكورة في الجزء (ب ـ ١٠) من تجارب البحث .

(×———×) عند عدم وجود اليوريا . (●———●) عند وجودها بتركيز ٤ ر٠ ، (●———●) عند وجودها بتركيز ٨ ر٠ مــن وزنها الجزيئي الغرامي .

شكل (٤٠)

كما هو مذكور في تعليق الشكل (٣٩) ولكن في مصل الاطفال المصابين بالالازار ٠

(× ـــــ ×) عند عدم وجود اليوريا ٠

(▵ ـــــ ▵) عند وجود اليوريا بتركيز ٥ر٠ م

(▲ ـــــ ▲) عند وجود اليوريا بتركيز ٧٦ر٠ من وزنهـــا الجزيئي الغرامي ٠

شكل (٤١)

يبين الكبت الذى تسببه اليوريا للانزيم LDH في مصل الاصحاء وذلك من رسم العلاقة بين معكوس سرعة الاولية ومعكوس تركيز حمض البيروفيك ٠ ان طريقة العمل والتراكيز المستعملـــة مذكورة في الجزء (ب ــ ١٠) من تجارب البحث ٠

(× ـــــ ×) عند عدم وجود اليوريا ٠

(● ـــــ ●) عند وجودها بتركيز ٢ ر٠ م

(○ ـــــ ○) عند وجودها بتركيز ٤ر٠ م

(▵ ـــــ ▵) عند وجودها بتركيز ٦ ر٠ م

(▲ ـــــ ▲) عند وجودها بتركيز ٨ ر٠ من الوزن الجزيئي الغرامـــــي ٠

شكل (٤٢)

كما هو مذكور في تعليق الشكل (٤١) ولكن في مصـــــل الاطفال المصابين بالكالاازار ٠

(×———×) عند عدم وجود اليوريـــا .

(○———○) عند وجود اليوريا بتركيز ٢٥ ر٠

(●———●) عند وجود اليوريا بتركيز ٥ ر٠

(△———△) عند وجود اليوريا بتركيز ٧٥ر٠ من الوزن الجزيئي الغرامـــــي .

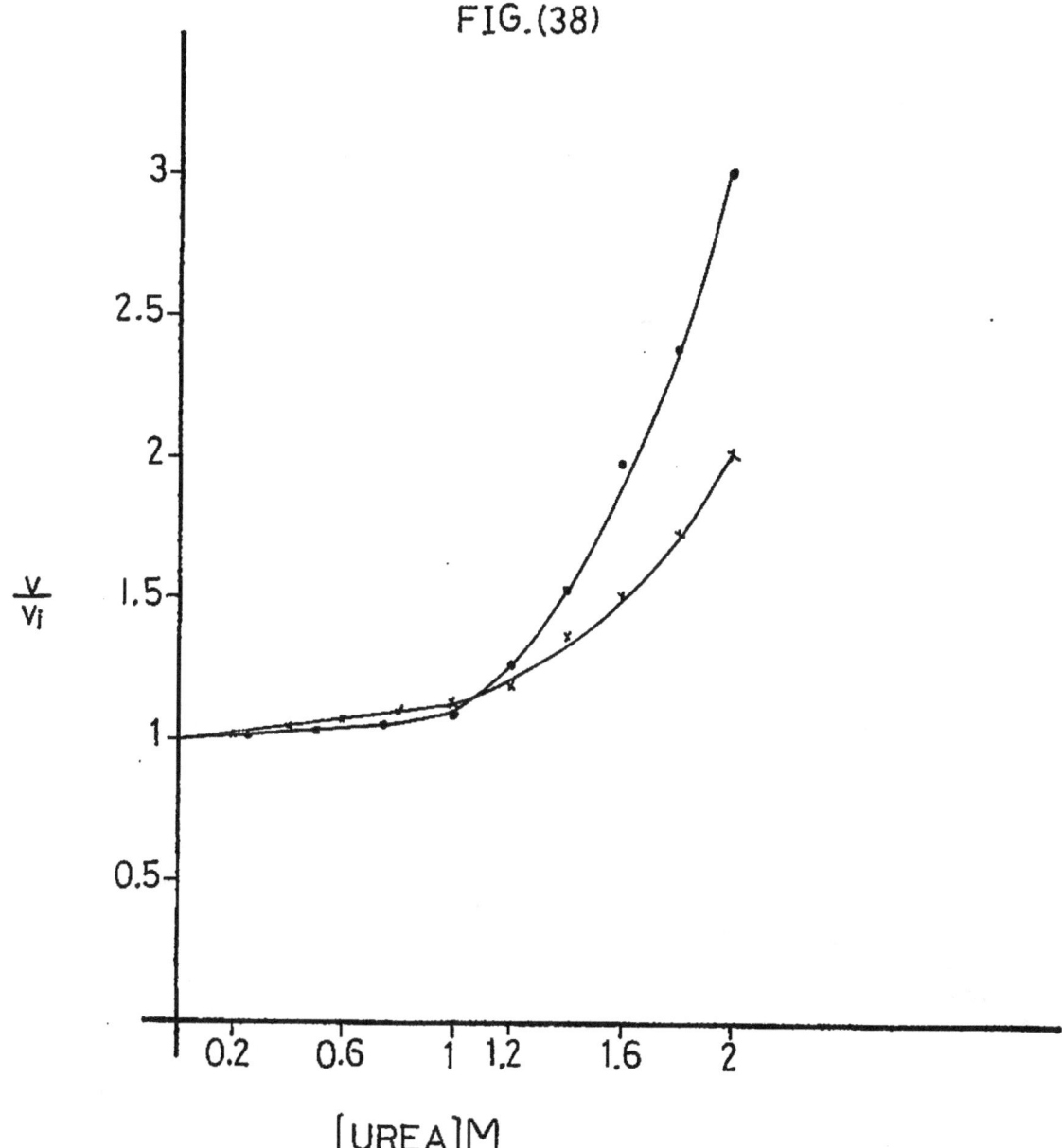

FIG.(38)

FIG.(39)

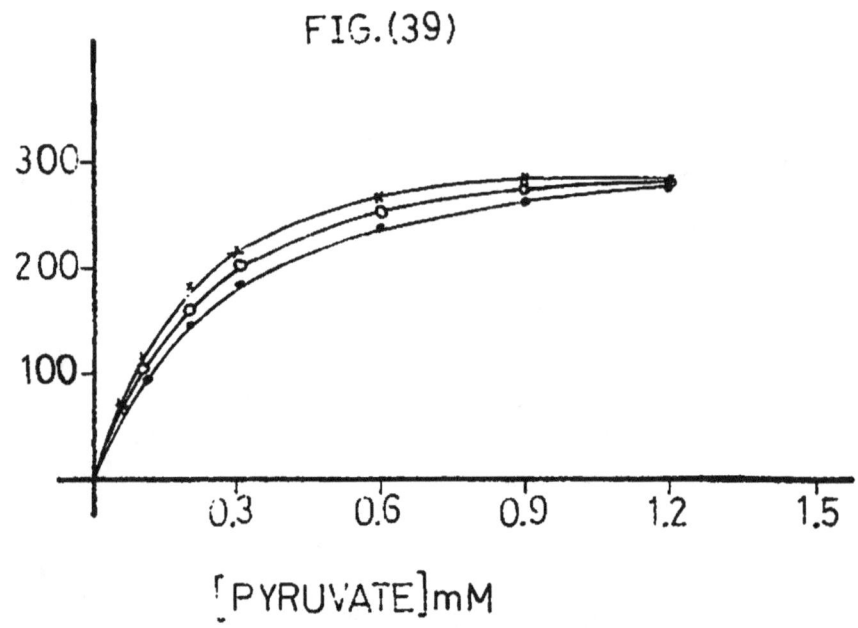

300
200
100
0.3
0.6
0.9
1.2
1.5
[PYRUVATE]mM

FIG.(40)

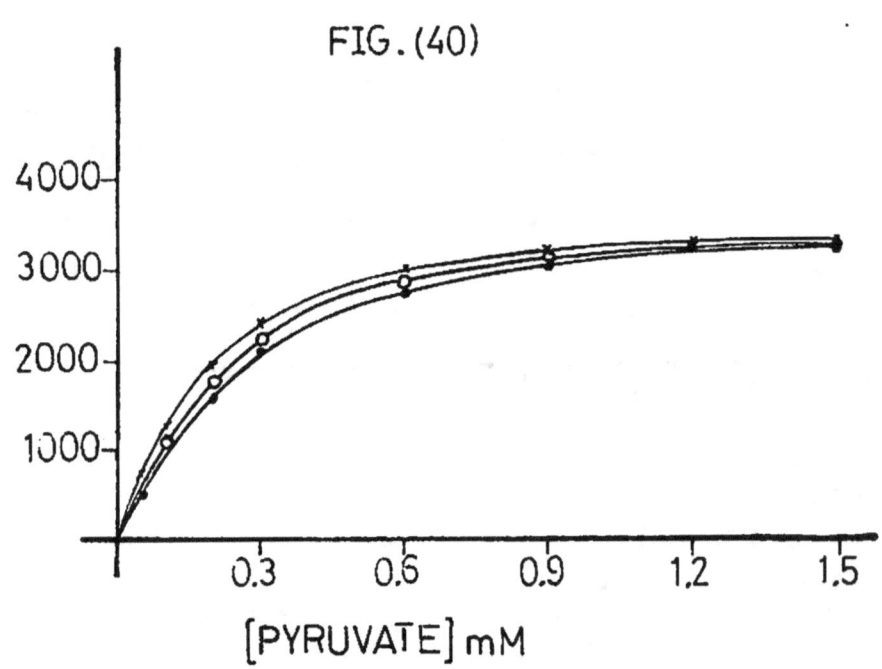

4000
3000
2000
1000
0.3
0.6
0.9
1.2
1.5
[PYRUVATE] mM

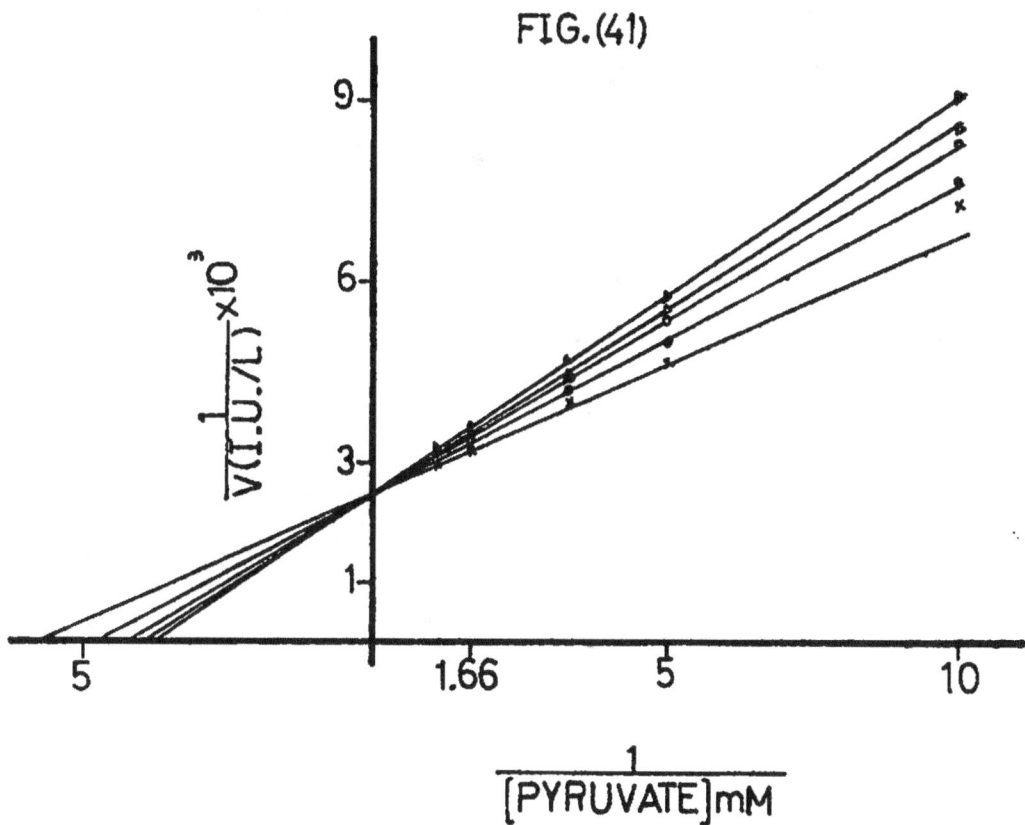

FIG.(41)

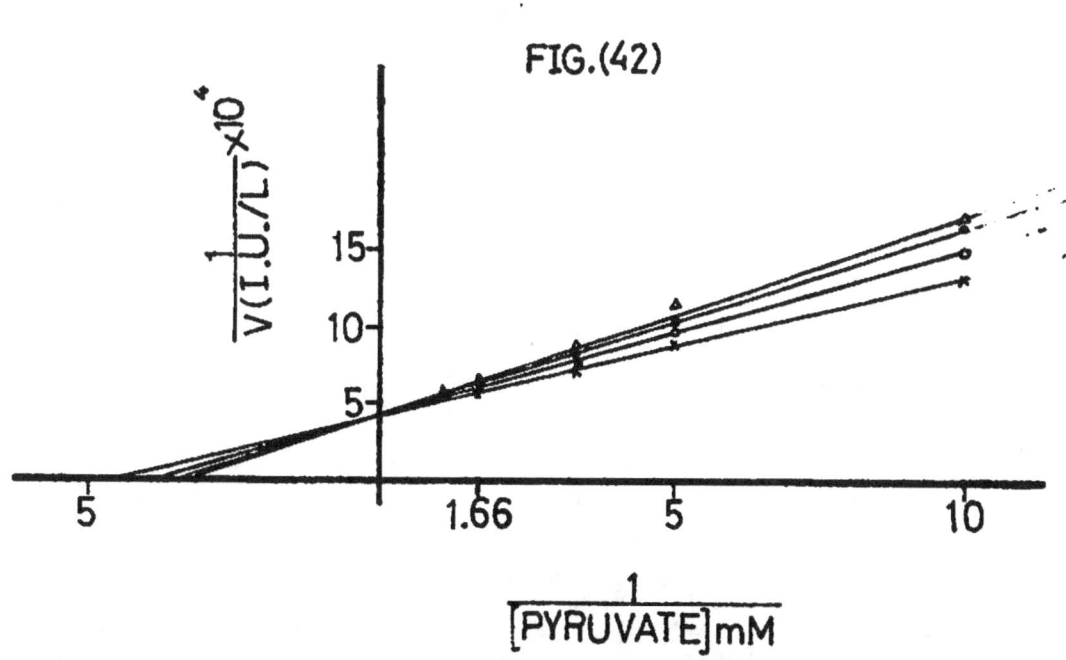

9
6
3
1
$\frac{1}{V(I.U./L)} \times 10^3$
5
1.66
5
10
$\frac{1}{[PYRUVATE]\,mM}$

FIG.(42)

15
10
5
$\frac{1}{V(I.U./L)} \times 10^4$
5
1.66
5
10
$\frac{1}{[PYRUVATE]\,mM}$

٩) ب قياس Km لحمض البيروفيك للمتناظر (LDH_3) في أمصال الاطفال الاصحاء والاطفال المصابين بالكالا آزار وفي درجة ٣٧°م .

شكل (٤٣)

يوضح قيمة (Km) للمتناظر LDH_3 في مصل الاطفال الاصحاء حسب طريقة الرسم الخطي المباشر . ان طريقة العمل والتراكيز المستعملة مذكورة في الجزء (ب ـ ١١) من تجارب البحث .

شكل (٤٤)

كما هو مذكور في تعليق شكل (٤٣) ولكن في مصل الاطفال المصابين بالكالا آزار .

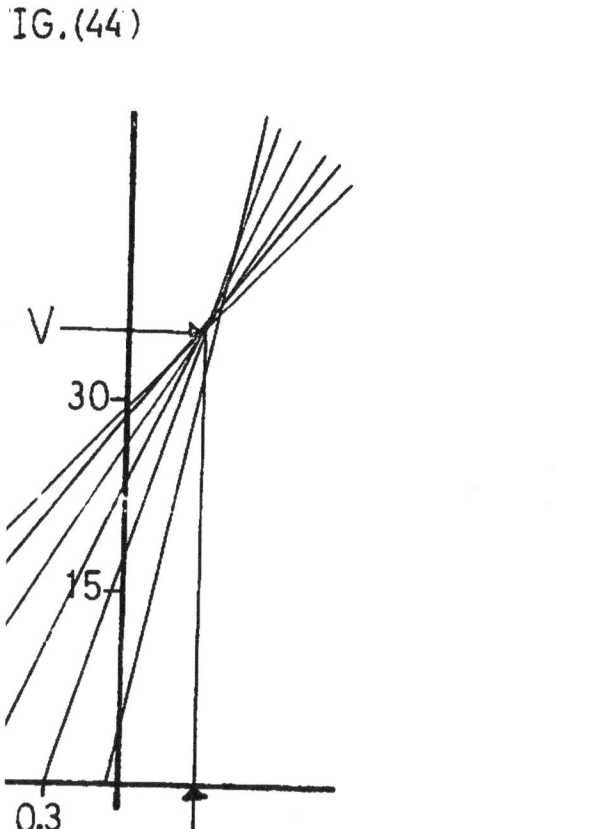

IG.(44)

V
30
15
0.3
Km
nM

FIG.(43)

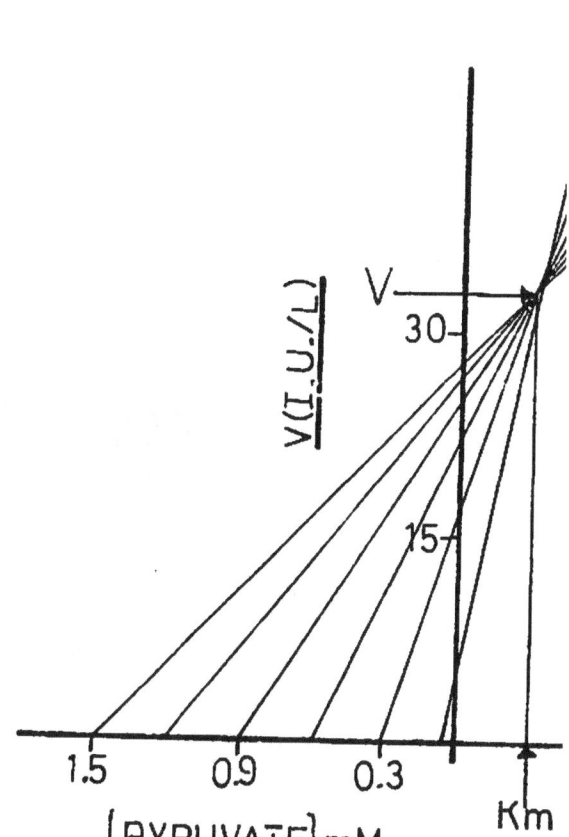

V(I.U./L)
V
30
15
1.5
0.9
0.3
Km
[PYRUVATE] mM

Results & Discussion

النتائج ومناقشتهـــــــا

تهاجم طفيليات اللايشمانيا الجهاز الشبكي الاندوثيلي[2] الذي يشمل الخلايا المتخصصة والموجودة في الكبد ، الطحال ونخاع العظام وينعكس تاثيرهـــا بشكل تغيرات في نشاط بعض انزيمات مصل الدم ومنها GOT ، GPT ، CPK ، LDH وHBDH والتي يمكن ان تعطينا صورة عن اثر الطفيلي على هذه الاحشاء .

ارتفعت فعالية GPT في المصل (جدول ١) في ١٤ حالة من ٣٥ حالة مرضيـــة تمت دراستها اى بنسبة ٤٠ ٪ ، وهذه النسبة اكثر من تلـــك التي ذكرهـــا تاج الدين (١٩٦٩)[17] والتي بلغت حينئذ ٢٨ ٪ ، ويمكن ان يعود الفرق هذا الى زيادة خبث الطفيلي وما رافقه من ارتفاع حاد في عـــدد الاصابات بمرض الكالاازار خلال هذه السنوات الاخيرة[16] ، كما وان الطريقـــة المستعملة في هذا البحث دقيقة وتعتمد على جهاز متطور وعلى توصيات اللجـــان[98] العلمية المتخصصة حول استعمال تراكيز مواد الاساس .

ان سبب عدم ارتفاع فعالية هذا الانزيم في جميع العينات المستعملـــة رغم التضخـــم الواضح في اكباد المرضـــى المصابين بهذا المرض يعود الى ان طفيليات اللايشمانيا تصيب خلايا الجهاز الشبكي الاندوثيلي في الكبـــد والمتمثلة بالخلايا المسماة Kuppfer cells[99] الموجودة على جدران الاوعيـــة الدموية الشعرية في الكبد ، فيقتصر الاثر التخريبي للطفيليات على هذه الخلايا فقط ولا تتاثر خلايا انسجة الكبد نفسها فتبقى حينئذ فعالية GPT في المصل ضمـــن الحدود الطبيعية لها ، ومع تقدم المرض وازدياد تضخم الكبد تتاثـــر خلاياه تدريجيا وتبداء فعالية GPT في المصل بالارتفاع .

ارتفعت فعالية GOT في ٩١٫٤ ٪ من حالات الكالاازار (جدول ١) ولوحظ وجود علاقة بين فعالية الانزيمين GOT و GPT في حالات مرضية محـــدودة

بلغ عددها ١٤ حالة حيث ازداد نشاط كل منهما (GOT ١٥٠ ــ ١٢٠٤ وحدة دولية / لتر و GPT ٤٠ ــ ٢٥٠ وحدة دولية/ لتر. اما معظم الحالات الباقية فقد شملت الزيادة في نشاط الانزيم GOT فقط (٢٩ ــ ١٣٧ وحدة دولية /لتر) بينما حافظ GPT على فعاليته الطبيعية . (١٢ ــ ٣١ وحدة دولية / لتر) .

يمكن تفسير التباين الذى حصل في زيادة نشاط الانزيمين في الحالات التي استعملت الى وجود الانزيم GOT في الكبد والطحال[100]، اما الانزيم GPT فهو موجود في الكبد فقط[101].

بلغ معدل فعالية الانزيم CPK في مصل الاطفال الاصحاء (جدول ٢) ٧٣ وحدة دولية / لتر بينما انخفضت الفعالية في مصل الاطفال المصابين بالكالاازار الى معدل ٤٤ وحده دولية / لتر ويمكن ان يعود سبب هذا الانخفاض في الفعالية الى قلة حركة الاطفال بسبب المرض مما يؤدى الى انخفاض تحرر الانزيم الى المصل نظرا لأن هذا الانزيم يعكس حالة العضلات[102] في الجسم حيث يلعب دورا اساسيا في توفير الطاقة .

عند دراسة نشاط الانزيمين LDH و HBDH في مصل الاصحاء والمرضى وجد ارتفاع كبير في فعاليتيهما في كافة حالات الكالاازار التي تمت دراستها ، ويوضح الجدول رقم (٣) مدى الارتفاع في نشاط LDH في مرضى الكالاازار والذى بلغ معدله ١٢٤٧ وحدة دولية/لتر بينما كان معدل الفعالية في مصل الاطفال الاصحاء ٢٠٥ وحده دولية/لتر .

لا توجد في الادبيات اية دراسة حول فعالية الانزيم LDH في مصل مرضى الكالازار سوى تلك التي أجريت في ايطاليا[40] والتي بلغت فيها فعالية LDH ٧٠٢٫٧ وحدة كمعدل دون ذكر نوع الوحدات او طريقة العمل المستعملة .

في الجدول رقم (٣) ايضا نلاحظ ارتفاع نشاط HBDH في مصل الاطفال المرضى (معدل ١٦١٢ وحدة دولية/لتر) بينما بلغ معدل الفعالية في مصل الاطفال الاصحاء ٢٩٧ وحدة دولية / لتر .

ان فعالية HBDH في المصل تعكس بصورة عامة نشاط المتناظرين LDH_1 و LDH_2 [103,104] لذا فان قيم HBDH/ LDH (جدول ٣) والتي بلغت ٧٧ ر ٠ في المصل المرضي و ٦٩ ر٠ في مصل الاصحاء تدل على ارتفاع نسبة المتناظرات البطيئة الحركة LDH_4 و LDH_5 في المصل المرضي مقارنة مع مصل الاصحاء .

<u>حركة الانزيمين LDH و HBDH في مصل الاطفال الاصحاء والاطفال المصابين بالكالازار :</u> —

يتضح لنا مما سبق ان هناك ارتفاع كبير جدا في فعالية الانزيمين LDH و HBDH في مصل الاطفال المصابين بالكالازار اكثر من التغير في نشاط انزيمات المصل الاخرى التي تمت دراستها ، وقد حفزتنا هذه النتائج على التوسع في دراسة هذين الانزيمين من حيث صفاتهما الحركية ومعرفة اثر المرض عليهما ، وهل ان الزيادة في الفعالية هي كمية ام نوعية .

١) — تاثير وقت التفاعل على نشاط الانزيمين LDH و HBDH : —

يلاحظ من خلال الشكل (١) ان سرعة التفاعل المحفز بـ LDH تبدأ بالانخفاض تدريجيا بعد الدقيقة الاولى من التفاعل ، وان شدة الانخفاض تزداد مع ارتفاع تركيز حامض البيروفيك . اما بالنسبة لسرعة التفاعل المحفز بـ HBDH ، فانها تبقى ثابتة طوال مدة التفاعل وبدون حصول كبت لها .

ان سبب كبت LDH مع مرور الوقت هو تكون مركب ثلاثي خامل من الانزيم — الناتج NAD^+ — حامض البيروفيك[105] وان سرعة تكونه في محلول التفاعل تعتمد على سرعة التفاعل التي تعتمد بدورها على تركيز مادة الاساس ، وهذا يفسر ظاهرة زيادة سرعة كبت التفاعل عند ارتفاع تركيز حامض البيروفيك . اما بالنسبة لـ HBDH فانه لا يكبت بالناتج ، لذا تبقى سرعة التفاعل ثابتة ومتجانسة .

لهذا السبب تم قياس نشاط LDH في هذه الرسالة بتتبع سرعة التغير في امتصاص NADH خلال الدقيقة الاولى فقط من التفاعل ، بينما اخذ معدل سرعة التفاعل في الدقائق الثلاث الاولى لتعيين نشاط HBDH .

٢) — قياس التراكيز المثلى للمواد الاساس لـ LDH و HBDH في امصال الاطفال الاصحاء والاطفال المصابين بالكالاازار : —

تشير توصيات لجنة International Federation of Clinical Chemistry Expert Panel on Enzymes[98] الى وجوب استعمال التراكيز المثلى لمواد الاساس عند قياس نشاط الانزيمات المختلفة في مصل الدم وذلك

للحصول على سرعة قصوى للتفاعل .

استعملت في هذه الدراسة التفاعلات المحفزة بالانزيمين LDH و HBDH والتي تشمل اختزال الحوامض الكيتونية (Oxo-acids) الى الحوامض الهيدروكسيلية (Hydroxy acids) ، وتبين لنا الاشكال (٢ ـ ١٣) ان الانزيمين LDH و HBDH بمختلف مواد هما الاساس وفي كلا المصلين الطبيعي والمرضي تطيع معادلة ميكيلس ـ منتن [106] $v = \frac{V\,(S)}{Km + (S)}$

فاذا درسنا الشكل (٢) مثلا وحسبنا تركيزي مادة الاساس حمض البيروفيك الذين يعطيان ٩٠٪ و ١٠٪ من السرعة القصوى (V) فان حاصل قسمة التركيز الاول على الثاني يجب ان يكون الرقم ٨١ اذا كان الانزيم يطيع معادلة ميكيلس منتن ، ويمكن ان يطبق الشيء نفسه على باقي مواد الاساس للانزيمين LDH و HBDH .

يوضح لنا الشكلان (٢ و ٣) ان التركيز الامثل لحمض البيروفيك هو ٢ر١ ـ ٥ر١ من $\frac{١}{١٠٠٠}$ من وزنه الجزيئي الغرامي في مصل الاطفال الاصحاء والاطفال المصابين بالكالاازار ، اما بالنسبة لحمض ٢ ـ اوكسو بيوتريك للانزيم HBDH (الشكلان ٨ و ٩) فان التركيز الامثل يبدأ في ١٥ من $\frac{١}{١٠٠٠}$ من وزنه الجزيئي الغرامي في الامصال المرضية والامصال الطبيعية عند استعمال منظم سورنسن الفوسفاتي بدرجة اس هيدروجيني قدرها ٤ر٧ ودرجة حرارة ٣٧°م .

تتشابه التراكيز المثلى المذكورة اعلاه مع النتائج التي استحصلت لامصال العراقيين البالغين [66] في درجة اس هيدروجيني ٤ر٧ ودرجة ٣٧°م فكما وتتقارب مع النتائج التي ذكرها شو وكراي [98] لامصال البالغين في درجة اس ـ هيدروجيني ٥ر٧ ودرجة حرارة ٣٠°م ، ولكنها تختلف كثيرا عن التراكيز

المثلى التي اقترحت للانزيمين في أمصال البالغين الأصحاء في درجة ٢٥ م° والتي بلغت ٧ ر٠ من $\frac{1}{1000}$ من الوزن الجزيئي الغرامي لحمض البيروفيك و ٣ ر ٣ من $\frac{1}{1000}$ من الوزن الجزيئي الغرامي لحمض ٢ ــ اوكسو بيوتريك[89] ، ويعود هذا الفرق في القيم بين الدراستين الى اختلاف درجات الحرارة المستعملة[85] .

أمّا بالنسبة لمادة NADH فقد تم قياس التركيز الامثل لها (انظر الاشكال ٦ ــ ٧ و ١٢ ــ ١٣) باستعمال تراكيز مختلفة منها (٠٠٠٥ ر ٠ ــ ٢٤ ر ٠ من $\frac{1}{1000}$ من وزنها الجزيئي الغرامي) عند وجود تراكيز مثلى لمادة الأساس الاخرى (٥ ر١ من $\frac{1}{1000}$ من الوزن الجزيئي الغرامي لحمض البيروفيك و ١٦ من $\frac{1}{1000}$ من الوزن الجزيئي الغرامي لحمض ٢ ــ اوكسو بيوتريك) ، فوجد ان التركيز الامثل ل NADH للانزيم LDH هو ١٢ ر٠ من $\frac{1}{1000}$ من وزنها الجزيئي الغرامي ، بينما يرتفع في الانزيم HBDH الى ١٥ ر ٠ من $\frac{1}{1000}$ من وزنها الجزيئي الغرامي في كلا النوعين من الامصال .

٣) ــ قياس الثابت Km لمواد أساس الانزيمين LDH و HBDH في مصل الاطفال الاصحاء والاطفال المصابين بالكلازار : ــ

يعتبر ثابت ميكيلس (Km) من أهم الثوابت الحركية في الدراسات الانزيمية ويعرف بانه تركيز مادة الأساس الذى يعطي سرعة تفاعل تساوى نصف السرعة القصوى للتفاعل المحفز بانزيم ما[107] ، وهذا هو ما اقترحه ميكيلس ومنتن بمعادلتهما .

اقترحت عدة تحويرات لهذه المعادلة لغرض تعيين قيمة Km بصورة أدق وقد استعملنا منها الطرق التالية : —

ا) — طريقة لينويفر — بورك[90] التي تربط مقلوب السرعة مع مقلوب تركيز مادة الاساس $\frac{1}{v}$ vs. $\frac{1}{(S)}$.

ب) — طريقة هانس[91] التي تربط علاقة " تركيز مادة الاساس مقسوما على سرعة التفاعل " مع تركيز مادة الاساس $\frac{(S)}{v}$ vs. (S) .

ج) — طريقة ايزنثال — كورنش بودين الخطية المباشرة في الرسم[92] .

توضح من خلال استعمال طرق الرسم الثلاث هذه لقياس Km ان الطريقة الخطية المباشرة هي الافضل والادق من الناحية العملية وذلك لسهولة استعمالها وسرعة رسمها وقلة العمليات الحسابية فيها وكذلك لكفائتها في بيان مدى دقة اجراء التجربة .

قياس قيمة Km لحمض البيروفيك للانزيم LDH :
يوضح الجدول رقم (٤) —

قيمة Km لحمض البيروفيك في مصل الاطفال الاصحاء والتي بلغت ١٣٤ ر٠ ± ٠٧٤ ر٠ من $\frac{١}{١٠٠٠}$ من وزنه الجزيئي الغرامي (الاشكال ٢ ، ٤ ، ٥) ، وتختلف هذه النتيجة عن تلك في مصل الاصحاء البالغين العراقيين[66] (٢٨ ر٠ ± ٠٣ ر٠ من $\frac{١}{١٠٠٠}$ من الوزن الجزيئي الغرامي لحمض البيروفيك في درجة ٣٧°م) . يمكن تعليل هذا الاختلاف بين القيمتين الى اختلاف التكوين الكيميائي لمصل الاطفال عنه لمصل البالغين من حيث نسب متناظرات الانزيم LDH وتراكيز المواد الكيميائية الاخرى .

تقاربت القيم التي حصلنا عليها في هذه الدراسة مع تلك التي ذكرها

روزالكي رويلكسن[85] لمصل الاصحاء البالغين والتي بلغت ١ ر٠ من $\frac{1}{1000}$ من الوزن الجزيئي الغرامي لحمض البيروفيك ولكن في درجة ٢٥°م ٠

يوضح الجدول رقم (٤) أيضا قيم Km لحمض البيروفيك في مصل الاطفال المصابين بالكلازار وقد ارتفعت الى ١٩٥٣ ر٠ ± ٠٨٥ ر٠ من $\frac{1}{1000}$ من الوزن الجزيئي الغرامي)(الاشكال ٣ — ٥) ٠ يمكن ان يعود هذا الارتفاع في Km الى تغير نسب متناظرات LDH في المصل المرضي خاصة تلك المتناظرات البطيئة الحركة من الكبد والطحال والتي لها قيم Km عالية[108,43] ، اذ ان قيمة Km لـ LDH الكلي في المصل تعبر عن مجموع قيمة Km لكل متناظر وحسب نسبته ٠

هناك أسباب محتملة أخرى تؤدي الى ارتفاع قيمة Km مثل وجود بعض الكوابت في المصل المرضي وهذه ترفع قيمة Km ، أو ظهور متناظرات جديدة ذات قيم Km مرتفعة كما يحصل في أمصال بعض الامراض الخبيثة[109,110] وبعض أمراض الكبد المزمنة[111] ٠

قياس Km لحمض ٢ — اوكسو بيوتريك للانزيم HBDH :—

يوضح الجدول رقم (٤) قيم Km لحمض ٢ — اوكسو بيوتريك في أمصال الاطفال الأصحاء وقد رسمت بالطرق الثلاث المذكوره سابقا (الاشكال ٨ ، ١٠ ، ١١) وبلغت Km ٤٥ ر٢ ± ١٣٣ ر٠ من $\frac{1}{1000}$ من الوزن الجزيئي الغرامي حسب الطريقة الخطية المباشرة ٠

تختلف هذه القيم عن تلك لأمصال البالغين الاصحاء في العراق[66] والتي بلغت ٣ ر٣ ± ٣ ر٠ من $\frac{1}{1000}$ من الوزن الجزيئي الغرامي ، ويمكن

تفسير هذا الاختلاف الى فرق العمر والى اختلاف نسب متناظرات الانزيم في كلا المصلين ٠

ذكرت في الادبيات بعض قيم Km لحمض ٢ ـ اوكسوبيوتريك لمتناظرات الانزيم LDH المنقاة من الانسجة البشرية فبلغت 108 Km ١٠ من $\frac{١}{١٠٠٠}$ من الوزن الجزيئي الغرامي للمتناظر LDH_5 المنقى من الكبد و ٨٤ ر٠ من $\frac{١}{١٠٠٠}$ من الوزن الجزيئي الغرامي لـ LDH_1 من القلب ، بينما تراوحت قيم Km للمتناظرات الهجينة الثلاث الاخرى بين هتين القيمتين وبالتسلسل، وهذه القيم تتوافق مع خصوصية مادة الاساس حمض ٢ ـ اوكسوبيوتريك للمتناظرات السريعة الحركة LDH_1 و LDH_2 وقلة الفة المتناظرات البطيئة الحركة لها 85,112 ٠

يبين لنا الجدول رقم (٤) ايضا ارتفاع Km لحمض ٢ ـ اوكسوبيوتريك في مصل الاطفال المصابين بالكالازار الاشكال (٩ ـ ١١) والذى بلغ ٣٢٥ ر٣ ± ١٦٦ ر٠ من $\frac{١}{١٠٠٠}$ من الوزن الجزيئي الغرامي حسب الطريقة الخطية المباشرة في الرسم ٠ يمكن ان يعود هذا الارتفاع في Km الى ارتفاع نسب المتناظرات البطيئة الحركة المتحررة من الاحشاء المصابة بالليشمانيا (الكبد والطحال) وبما ان هذه المتناظرات لها قيم Km مرتفعة جدا ، لذا ترتفع قيمة Km للانزيم كله في المصل ، وهذا التعليل يتفق مع ما ذكرناه سابقا عن سبب ارتفاع Km لحمض البيروفيك في المصل المرضي أيضا ٠

قياس Km لمادة NADH للانزيمين LDH و HBDH :

يبين الجدول رقم (٥) قيمتي Km لـ NADH للانزيم LDH في امصال الاطفال الاصحاء (شكل ٦) والاطفال المصابين بالكالازار (شكل ٧) وقد تقاربت القيمتان في

كلا الحالتين ، فبلغت في المصل الطبيعي ١٢٩٢ر٠ ± ٠٠٠٦٦٢ر٠ وفي المصل المرضي ١٣٥ر٠ ± ٠٠٠٧٢١ر٠ من ١/١٠٠٠ من الوزن الجزيئي الغرامي لمادة NADH • تتقارب هذه القيم ايضا مع تلك التي ذكرت للانزيم LDH في مصل الاصحاء البالغين[66] والتي بلغت ٠١٢ر٠ ± ٠٠١ر٠ من ١/١٠٠٠ من الوزن الجزيئي الغرامي •

يبين لنا الجدول رقم (٥) ايضا تقارب قيمتي Km للانزيم HBDH في أمصال الاطفال الاصحاء (شكل ١٢) والاطفال المصابين بالكالاازار — (شكل ١٣) • تتوافق هذه النتائج مع تلك التي استخلصت للانزيم HBDH في مصل الاصحاء البالغين[66] والتي بلغت ٠١ر٠ ± ٠٠١ر٠ من ١/١٠٠٠ من الوزن الجزيئي الغرامي لمادة NADH •

٥) — دراسة التجزئة الحرارية للانزيمين LDH و HBDH في أمصال الاطفال الاصحاء والاطفال المصابين بالكالاازار : —

أستعمل تحوير لطريقة روبلوسكي وكريكوري[51] لتجزئة الانزيم LDH في المصل حراريا الى ثلاثة أجزاء ذات مقاومة حرارية متباينة ، وقد اقترح نفس المصدر اضافة مادة الاساس NADH الى المصل اثناء الحضن لزيادة مقاومة المتناظرات للحرارة لكي نحصل على نتائج افضل •

يبين لنا الجدول رقم (٦) نتائج هذه التجربة بعد حضن المصل مع NADH في درجات حرارة الغرفة ، ٥٥°م و ٦٢°م فوجد ان نسبة الجزء المقاوم للحرارة في مصل الاطفال الاصحاء (٥٧٦ر٠) اعلى من نسبة الجزء المقاوم للحرارة في المصل المرضي (٤٨ر٠) . يدل هذا على ان نعجة المتناظرات المقاومة للحرارة (LDH_1 وبدرجة اقل LDH_2) موجودة

بتركيز اعلى في مصل الاصحاء منها في المصل المرضي ، بينما تضاعفت تقريبا نسبة الجزء غير المقاوم للحراره (LDH_5) في المصل المرضي مقارنة مع المصل الطبيعي . اما الاجزاء ذات المقاومة المتوسطة (LDH_2 ، LDH_3 و LDH_4) فقد تقاربت نسبتيهما في كلا المصلين .

تختلف النتائج التي حصلنا عليها في هذه التجربة عن تلك التي اجريت على امصال العراقيين البالغين [66] ، حيث ذكر ان نسبة الجزء المقاوم للحراره هي ٤٦ ر٠ ، نسبة الجزء غير المقاوم للحرارة هي ١١ ر٠ ونسبة الجزء ذو المقاومة المتوسطة للحرارة هي ٤٣ ر٠ ، وهذا يدل على ارتفاع نسب المتناظرات المقاومة للحرارة (LDH_1 و LDH_2) في امصال الاطفال مقارنة مع نسبها في امصال البالغين .

يوضح الجدول رقم (٦) ايضا نفس عمليات التجزئه الحرارية التي ذكرت اعلاه ولكن للانزيم HBDH ، فوجد ان نسبة الجزء المقاوم للحرارة في امصال الاطفال الاصحاء اعلى من تلك في امصال الاطفال المرضى مما يؤيد ما ذكرناه اعلاه عن ارتفاع نسب المتناظرات المقاومة للحرارة في المصل الطبيعي . ويلاحظ ايضا ان الجزء ذو المقاومة المتوسطة للحرارة قد ارتفع في المصل المرضي الى ضعف نسبته في المصل الطبيعي مما يدل على ارتفاع المتناظرات المتوسطة والبطيئة الحركة في المصل المرضي . .

٦) دراسة تغير قيم Km بعد المعالجة الحرارية للانزيمين LDH و HBDH في امصال الاطفال الاصحاء والاطفال المصابين بالكالاازار : ـ

يمكن دراسة حركة المتناظر المقاوم للحرارة (LDH_1) وذلك بحضن

المصل الطبيعي (أو المرضي) في درجة حرارة ٦٠°م لمدة ساعة واحـــدة ، [93] بعد ها تعين علاقة سرعة التفاعل مع التراكيز المختلفة للمواد الاساس: حمـض البيروفيك للانزيم LDH شكل (١٤ ــ ١٥) وحمض ٢ــاوكسوبيوتريـــــك للانزيم HBDH شكل (١٦ ــ ١٧) .

تبين النتائج الموجودة في الجدول رقم (٧) أولا ان قيمـــــتي Km لحمـض البيروفيك في كلا المصلين الطبيعي والمرضـي قد تقاربـــت كثيرا بعد الحضـــن الحرارى . ثانيا ان قيمتي Km بعد الحضـــن اقل مــــن تلك قبل الحضـــن (جدول ٤) وثالثا ان نسبة الانخفاض في قيمة Km بعد حضـــن المصل المرضـي بلغت ٧ر٤٥ ٪ بينما كانت في المصل الطبيعي ٢ر١١ ٪ .

يفســر انخفاض وتقارب قيم Km للمصلين بعد الحضـــن الى تحطـــم كافـة المتناظـرات بفعل الحرارة عدا LDH_4 والذى له Km واطئ[108] . أما سـبب الاختلاف في نسب انخـفاض Km فيعود الى التباين في نسب المتناظـــــرات البطيئة الحركة في كــلا المصلين ، ويمكن ان يقال الشيء نفسه عن تغير قيمتي Km للانزيم HBDH في هذين المصلين كما هو مبين في الجدول رقم (٧) ايضا .

٧) ـ تأثير درجة الأس الهيدروجيني على نشاط وثبوتية الانزيم LDH في أمصال الاطفال الاصحاء والاطفال المصابين بالكالازار : ـ

لدرجة الأس الهيدروجيني أثر واضح على سرعة التفاعلات المحفزة بالانزيمات بصورة عامة مع اختلافات خاصة تتبع طبيعة الانزيم وتركيبه الكيميائي وبالتالي ما يحمله من مجاميع أيونية متعددة [113] ، فعند دراسة العلاقة بين تركيز مادة الاساس تحت درجات أس هيدروجيني مختلفة (٤ ـ ٨) ، وجد في هذا البحث ان الانزيم LDH في كلا المصلين الطبيعي والمرضي يتأثر بدرجة الأس الهيدروجيني (الشكلان ١٨ ، ١٩) .

اذا فرضنا ان مادة الاساس (البيروفيك) تتصرف كحمض ضعيف HA وان الشكل الايوني A^- يرتبط مع الانزيم ، عندها ، وفي تركيز ثابت من الحمض الضعيف الكلي ، يمكن قياس تركيز الأيونات باستعمال معادلة Henderson Hessalbach ، فمثلا يمكن تفسير الزيادة في السرعة التي حصلت نتيجة ارتفاع درجة الأس الهيدروجيني من ٤ الى ٦ (شكلي ١٨ ، ١٩) ، عندما تكون pK لمادة الاساس حوالي (٢ ـ ٤) ، الى زيادة تركيز (A^-) . من ناحية أخرى يمكن ربط تغيير السرعة مع الشكل الايوني للاحماض الامينية الموجوده في المركز النشط (Active Center) للانزيم ، وان درجة الأس الهيدروجيني المثلى المبينة في الشكلين (١٨ ، ١٩) تمثل الشكل الأيوني الامثل للاحماض الامينية للارتباط مع (A^-) ، ومن ناحية نظرية يمكن القول ان اعلى سرعة يمكن الحصول عليها من الانزيم تكون بدرجة الأس الهيدروجيني التي تعطينا الشكل الايوني EH^+ للمركز النشط .

تم الحصول على قيم ثوابت التفكك pK للاحماض الامينية الموجودة

في المركز النشط للانزيم[113] كما هو مبين في الاشكال (٢٠ ــ ٢٣) وذلك بدراسة اثر درجة الأس الهيدروجيني على السرعة الأولية للتفاعل بوجود تراكيز منخفضة من مادة الاساس ، أو بدراسة اثر درجة الأس الهيدروجيني على الثابت Km . وجدت بعض الاختلافات الصغيرة في قيم pK بين المصل الطبيعي والمصل المرضي قد يعود سببها الى اختلاف نسب المتناظرات في كلا المصلين وذلك لأن تصرف المتناظر LDH_5 يختلف عن تصرف المتناظر LDH_1 عند تغيير درجات الأس الهيدروجيني[80] .

تدل قيم pK التي تم الحصول عليها في هذه الدراسة انها تعود الى مجموعة ال Imidazole وهذا يعني وجود الحمض الاميني ال Histidine ، الذي له pK قدرها ٦ر٥ ــ ٧[114] في المركز النشط للانزيم وهذا يتفق مع ما ذكر في الادبيات عن وجود هذا الحمض واهميته في آلية التفاعلات المحفزه بالانزيم LDH[115و80] .

عند رسم العلاقة بين مقلوب السرعة الأولية ومقلوب تركيز حمض البيروفيك (الشكلين ٢٤ ر ٢٥) لتفاعلات أجريت في درجات أس هيدروجيني مختلفة (٢ر٦ ــ ٤ر٧) ، نحصل على رسم يوضح ان ارتفاع الأس الهيدروجيني يكبت التفاعل بصورة تنافسية (Competitive) .

ذكر في الادبيات[80] أن آلية تفاعل الانزيم LDH تعتمد على وجود جزيئتين من حمض ال Histidine في المركز النشط حيث ترتبط جزيئة NADH مع احداهما ، ويرتبط أيون البيروفيك مع جزيئة ال NADH وجزيئة حمض ال Histidine الثانية . يحتاج ايون البيروفيك الى ذرتي هيدروجين لكي يتحول الى اللاكتيك فتأتي احداهما بشكل H^- من جزيئة ال NADH بينما تأتي الثانية من جزيئة ال Histidine الثانية بشكل

H^+ ، ويمكن تلخيص التفاعل في المركز النشط بالمعادلة التالية : ـ

Pyruvate + NADH + $Histidine_1^-$ + $Histidine_2^+$-H ⇌ (L) Lactate + NAD$^+$ + $Histidine_1$ + $Histidine_2^-$

وبعد انتهاء التفاعل تأخذ جزيئة ال $Histidine_1$ أيون هيد روجين H^+ من المحلول لتتحول الى $Histidine_1$-H ويكون المركز النشط حينئذ مستعدا لان ترتبط جزيئة جديدة من ال NADH مع ال $Histidine_2^-$.

من خلال هذه الآلية يمكن تفسير ظاهرة الكبت التنافسي التي ذكرت اعلاه ، بأن ارتفاع درجة الأس الهيد روجيني وبمعنى اخر انخفاض تركيز أيون الهيد روجين (H^+) يوءدي الى بقاء جزيئة ال $Histidine_1$ ، المذكورة في ناتج المعادلة اعلاه ، بشكلها هذا الغير فعال ، ولذلك تكبت سرعة التفاعل لأن مادة الأساس لا تتمكن من الارتباط مع المركز النشط للانزيم ، ولهذا السبب يكون للكبت صفات تنافسية .

٨) ـ اثر التراكيز المرتفعة من حمض البيروفيك على نشاط LDH : ـ

تكبت تراكيز حمض البيروفيك المرتفعة عن التركيز الامثل نشاط LDH كما هو مبين من الاشكال (٢٦ ـ ٢٩) حيث درس اثر التراكيز المختلفة لحمض البيروفيك (٠ر٠١٦٦٦ ـ ١٨ من $\frac{١}{١٠٠٠}$ من وزنه الجزيئي الغرامي) على نشاط LDH في ثلاث درجات أس هيد روجيني هي ٢ر٦ ، ٤ر٧ ، ٢ر٨٠ .

ان سبب كبت نشاط LDH بالتراكيز المرتفعة لحمض البيروفيك يعود

الى تكون مركب خامل لا يتفكك الى ناتج هو ES_2 وفقا للمعادلات التاليه[44]: ــ

$$E + S \underset{}{\overset{K_s}{\rightleftharpoons}} ES$$

$$ES + S \underset{}{\overset{K_s'}{\rightleftharpoons}} ES_2$$

$$ES \longrightarrow E + Products$$

ويمثل K_s ثابت التفكك للمركب الثنائي ES ، بينما يمثل K_s' ثابت التفكك للمركب الثلاثي ES2 ، واستنادا الى هذه المعادلات يمكن استنتاج معادلة السرعة التاليــه :

$$v = \frac{V}{1 + \frac{K_s}{(S)} + \frac{(S)}{K_s'}}$$

بما ان (S) المستعملة في مثل هذه التجارب تكون مرتفعة جدا ، لذا فان قيمة $\frac{K_s}{(S)}$ تكون قليلة جدا فيمكن اهمالها ونحصل حينئـــذ على المعادلة التالية :

$$v = \frac{V}{1 + \frac{(S)}{K_s'}}$$

وبقلب هذه المعادلة نحصل على :

$$\frac{1}{v} = \frac{1}{V} + \frac{(S)}{K_s'} \cdot \frac{1}{V}$$

لذلك عند رسم العلاقة بين $\frac{1}{v}$ و (S) نحصل على خط مستقيم يقطـــع محور السينات في $-K_s'$[45] كما هو موضح في الاشكال (٢٨ ، ٢٩) .

يبين الجدول رقم (٨) ان قيم K_s' تزداد بازدياد درجـــــــة الأس الهيدروجيني ، وهذا يفسر لنا العلاقة العكسية بين نسبة الكبـــت ودرجة الأس الهيدروجيني كما هي موضحة في الاشكال (٢٨ ــ ٢٩) .

كما يلاحظ ان K_s' في أية درجة أس هيدروجيني هي اعلى في المصـــل المرضـي منها في المصل الطبيعي وهذا يفسر سبب انخفاض نسبة الكبــت في الامصال المرضـــية .

ان سبب هذا التغير في (K^s_m) للمصل المرضي يمكن ربطه مع ما ذكر سابقا حول ارتفاع نسب المتناظرات البطيئة الحركة في المصل المرضي والتي يكون اثر كبت التراكيز المرتفعة لحامض البيروفيك لها قليلا بالمقارنة مع الاثر الكبتي القوي على المتناظرات السريعة الحركة [117] .

٩) ـ كبت LDH في امصال الاطفال الاصحاء والمرضى باستعمال مادتي الاوكزالات واليوريا : ـ

تكبت الاوكزالات نشاط المتناظرات السريعة الحركة اكثر من كبتها نشاط المتناظرات البطيئة الحركة [82] ، وبعكسها تقوم اليوريا ، عند استعمالها بتركيز لا يتجاوز ٢ من وزنها الجزيئي الغرامي ، بكبت نشاط المتناظرات البطيئة الحركة بينما لا تؤثر على المتناظرات السريعة الحركة [118] ، وقد استعملت هذه الخواص لمعرفة نسب المتناظرات المختلفة لـ LDH في المصل والانسجة [95] .

يوضح لنا الجدول رقم (٩) ان النسب المئوية لكبت الاوكزالات ، عند وجودها بتركيز ٢ ر٠ من $\frac{١}{١٠٠٠}$ من وزنها الجزيئي الغرامي ، لـ LDH متساوية تقريبا في كلا المصلين . اما اليوريا ، فعند استعمالها بتركيز ٢ من وزنها الجزيئي الغرامي ، وجد انها تكبت نشاط LDH في المصل الطبيعي بنسبة ٣٧٪ ، بينما ارتفعت النسبة المئوية لكبتها في المصل المرضي الى ٥٥ ٪ مما يدل على ارتفاع نسبة المتناظرات البطيئة الحركة في المصل المرضي مقارنة مع المصل الطبيعي .

أ ـ حركة كبت الاوكزالات لـ LDH :

توضح لنا الاشكال (٣٠ ـ ٣٧)

ان الاوكزالات ، عند استعمالها بالتراكيز ٠٥ر٠ ـ ٤ر٠ من $\frac{١}{١٠٠٠}$ من وزنها الجزيئي الغرامي ، تكبت LDH بصورة لا تنافسية Uncompetitive Inhibition في كافة التراكيز المستعملة لحمض البيروفيك او لـ NADH وفي كلا المصلين الطبيعي والمرضي .

لم تشر الادبيات الى ايّة دراسة حول حركة الاوكزالات عند كبتها LDH في المصل البشرى ، ولكن النتائج المذكورة اعلاه تتفق مع ما حصل عليه (Novoa et al [119]) عند دراستهم LDH المنقى من قلب البقر حيث ذكروا ان كبت الاوكزالات يكون لا تنافسيا عند استعمال حمض البيروفيك و NADH . ان الآلية المقترحة لهذا النوع من الكبت تتمثل بما يلي [97] :

$$\begin{array}{ccccc} E + S & \underset{}{\overset{K_s}{\rightleftharpoons}} & ES & \longrightarrow & E + \text{Products} \\ & & + & & \\ & & I & & \\ & & \Big\updownarrow K_i' & & \\ & & ESI & & \end{array}$$

وقد ذكرت لهذه الآلية معادلات السرعة التالية :

$$v = \frac{V\,(S)}{Km + (S)\left(1 + \frac{(I)}{K_i'}\right)}$$

واستعملت هذه المعادلة في رسم الاشكال (٣٠ ، ٣١) v vs. (S) .

عند قلب هذه المعادلة نحصل على :

$$\frac{1}{v} = \frac{Km}{V} \cdot \frac{1}{(S)} + \left(1 + \frac{(I)}{K_i'}\right) \cdot \frac{1}{V}$$

فعند رسم مقلوب السرعة ضد مقلوب تركيز مادة الاساس $\frac{1}{v}$ vs. $\frac{1}{(S)}$.

نحصل على خط مستقيم بقطع محور السينات في :

$$-\frac{1}{Km_{app}} = -\frac{1+\frac{(I)}{Ki}}{Km}$$

وكما هو مبين في الاشكال (٣٢ ، ٣٤) .

يبين الجدول رقم (١٠) ان قيم Ki لمادة الاوكزالات بالنسبة لحمض البيروفيك و NADH في المصل المرضي هي اعلى من تلك في المصل الطبيعي وقد يعود هذا الى ارتفاع نسب المتناظرات البطيئة الحركة في المصل المرضي .

يدل معكوس Ki على الفة الانزيم لمادة الكبت ، وبما ان الفة المتناظرات السريعة الحركة للاوكزالات شديدة [82] لذا يكون لها Ki منخفض ، بينما تكون الفة المتناظرات البطيئة الحركة ، والمتوقع ارتفاعها في مصل مرضى الكالاازار ، للكابت منخفضة ، عليه ترتفع قيمة Ki لها .

ب) حركة كبت اليوريا لـ LDH :

يبين الشكل (٣٨) الاثر الكبتي لليوريا بالتراكيز ٢ر٠ — ٢ من وزنها الجزيئي الغرامي عند وجود حمض البيروفيك بتركيز ٩ر٠ من $\frac{١}{١٠٠٠}$ من وزنه الجزيئي الغرامي ، حيث كان الكبت متجانسا في المصل الطبيعي ضمن التراكيز صفر — ١ من الوزن الجزيئي الغرامي لليوريا بينما كان الكبت متجانسا في المصل المرضي ضمن التراكيز صفر — ٨ر٠ من الوزن الجزيئي الغرامي لليوريا . امّا بعد هذه التراكيز فانّ درجة الكبت تبدأ بالارتفاع بصورة سريعة خاصة في المصل المرضي مما يدل على وجود نسبة مرتفعة من المتناظرات البطيئة الحركة والحساسة تجاه اليوريا في المصل المرضي ، مقارنة مع المصل الطبيعي .

ثمت دراسة كبت اليوريا لـ LDH ضمن التراكيز التي تعطي كبتا متجانسا كما ذكر اعلاه ، فيتوضح من الاشكال (٣٩ ـ ٤٢) ان اليوريا تكبت LDH بصورة تنافسية في كافة تراكيز حمض البيروفيك المستعملة وفي كلا المصلين الطبيعي والمرضي . تتفق هذه النتائج مع ما ذكر في الادبيات عن كبت اليوريا لمتناظرات LDH المنقاة من الانسجة الحيوانية والبشرية[118] وقد اقترحت الآلية التالية لهذا النوع من الكبت[120] :ـ

$$E + S \underset{}{\overset{K_s}{\rightleftharpoons}} ES \longrightarrow E + \text{Products}$$

$$E + I \underset{}{\overset{K_i}{\rightleftharpoons}} EI$$

وتكون معادلة السرعة لهذه الآلية هي :

$$v = \frac{V\,(S)}{(S) + K_m\left(1 + \frac{(I)}{K_i}\right)}$$

وقد استعملت هذه المعادلة في رسم الاشكال (٣٩ ، ٤٠) التي تبين العلاقة بين سرعة التفاعل وتركيز مادة الاساس ، وعند قلب هذه المعادلة نحصل على :ـ

$$\frac{1}{v} = \frac{1}{V} + \frac{K_{m_{app}}}{V} \cdot \frac{1}{(S)}$$

عند رسم العلاقة بين مقلوب السرعة $\frac{1}{v}$ ومقلوب تركيز مادة الاساس $\frac{1}{(S)}$ نحصل على خط مستقيم يقطع محور السينات في :ـ

$$-\frac{1}{Km_{app}} = -\frac{1}{Km\left(1+\frac{(I)}{K_i}\right)}$$

كما هو مبين في الاشكال (٤١ ، ٤٢) .

يبين الجدول رقم (١٠) ان قيم K_i ترتفع في الامصال المرضيــة وهذا يفسر سبب انخفاض شدة كبت التراكيز الواطئة لليوريا لهــا مقارنتا مع كبتها للانزيم في الامصال الطبيعية (انظر شكل ٣٨) ، وقــد ذكر في الادبيات ما يتوافق مع هذه النتائج حيث بلغت قيم K_i ، ضمــن تراكيز اليوريا التي لا تتجاوز ١ من وزنها الجزيئي الغرامي ، ٥٥ر١ لـ LDH_1 المنقى من قلب الثور و ٥ر٢ لـ LDH_5 المنقى من العضـلات ـ الهيكليــة للارنب [118] .

١٠) ـ دراسة حركة المتناظـر LDH_5 :ـ

تمت دراسة المتناظر LDH_5 وذلك للتأكد مـن مدى صحة احــد التعاليـل التي ذكرت في بداية المناقشة عن سبب تغير الثابت Km لحمض البيروفيك للانزيم LDH في المصل المرضي ، حيث ذكر احتمـال كون السبب هو تغير البنية الكيميائية للمتنا ظـرات المنتجة في الانسجة المصابــة وما يلحق هذا من تغير في ثوابتها الحركـية ، لأن الادبيـات ذكرت حالات ظهور متناظـرات جديدة للانزيم LDH في بعض الامــراض السرطانية [109، 110] وبعـض امراض الكبد المزمنه [111] .

تم فصل المتناظر LDH_5 باستعمال طريقة[96]

DEAE-Sephadex A-50 Ion-Exchange Chromatography،
بدرجة أس هيدروجيني حامضي (٦) وقوة ايونية اقل من ٠٥ر٠[121]
فيمكن لجزيئات الـ Gel امدصاص المتناظرات ذات الشحنات السالبة (LDH_4 - LDH_1) بينما يترك المتناظر LDH_5 حرا ليخرج من الـ Gel وذلك لأن شحنته في درجة الأس الهيدروجيني هذه هي متعادلة أو موجبة قليلا[121] .

يبين الجدول رقم (١١) والاشكال (٤٣ ، ٤٤) انه لا يوجد اختلاف ملموس بين قيم Km للمتناظر LDH_5 في المصل الطبيعي عنها في المصل المرضي ، وهذا يؤيد ما ذكرناه سابقا ان سبب التغيرات الحركية للانزيم LDH في مصل مرضى الكالاازار هو التغير في نسب المتناظرات المختلفة .

Summary

الخلاصـــــــــــة

اولا : ـ نشاط بعض الانزيمات في امصال الاطفال الاصحاء والاطفال المصابين بالكالاازار .

لوحظ ارتفاع فعالية GPT في ٤٠ ٪ من الحالات المرضية بينما ارتفع نشاط GOT في ٤ر٩١٪ منها .

اما الانزيم CPK فلقد انخفض نشاطه في مصل الاطفال المصابين بالكالاازار عنه في مصل الاصحاء .

ارتفعت فعالية LDH و HBDH بصورة كبيرة جدا في كافة حالات الكالاازار التي تمت دراستها .

ثانيا :ـ حركة الانزيمين LDH و HBDH في امصال الاطفال الاصحاء والاطفال المصابين بالكالاازار وفي درجة ٣٧ م° .

١ـ وجد ان سرعة التفاعل المحفز بالانزيم LDH تبدا بالانخفاض بعد الدقيقة الاولى بينما تستمر سرعة التفاعل للانزيم HBDH ثابتة خلال الدقائق الاولى .

٢ـ ان التراكيز المثلى للمواد الاساس للانزيمين LDH و HBDH متقاربة في كلا المصلين الطبيعي والمرضي .

٣ـ تخضع العلاقة بين تركيز المادة الاساس وسرعة التفاعل للانزيمين LDH و HBDH الى معادلة ميكيلس منتن .

٤ـ ارتفعت قيمة الثابت Km لحمض البيروفيك للانزيم LDH في مصل الاطفال المصابين بالكالاازار عنها في مصل الاصحاء ، بينما لم تتغير قيمة الثابت Km لـ NADH في الحالتين .

٥- ارتفعت قيمة الثابت Km لحمض ٢- اوكسوبيوتريك للانزيم HBDH في المصل المرضي عنها في المصل الطبيعي ، بينما لم تتغير قيمة الثابت Km ل NADH للانزيم في كلا الحالتين ٠

٦- عند تجزئة الانزيمين LDH و HBDH بالحرارة ، وجد اختلاف واضح في التوزيع النسبي للأجزاء الثلاثة لكل من الانزيمين وفي الحالتين المرضية والصحية ٠

٧- انخفضت قيمة Km لحمض البيروفيك للانزيم LDH بعد تعريض المصل للحرارة فبلغت النسبة المئوية لانخفاضها ٧ر ٤٥٪ في مصل مرضى الكالاازار مقارنة ب ٢ر ١١ ٪ في مصل الاصحاء ٠

٨- انخفضت قيمة Km لحمض ٢ - اوكسو بيوتريك للانزيم HBDH بعد تعريض المصل للحرارة فبلغ الانخفاض ٢٤٪ في المصل الطبيعي و ٩ ر ٤٥ ٪ في المصل المرضي ٠

٩- لم تتغير درجة الأس الهيدروجيني المثلى للتفاعلات المحفزة ب LDH في الحالتين المرضية والطبيعية ٠

١٠- تكبت التراكيز المرتفعة لحمض البيروفيك الانزيم LDH في المصل الطبيعي بصورة اكبر من كبتها للانزيم في المصل المرضي وفي مختلف درجات الأس الهيدروجيني ، وقد كانت قيمة K_S' اعلى في مصل مرضى الكالاازار منها في مصل الاصحاء ٠

١١- تكبت الاوكزالات نشاط LDH في الحالتين المرضية والطبيعية بصورة لا تنافسية وكانت قيمة ثابت الكبت في مصل الاصحاء اعلى منها في المصل المرضي ٠

١٢- تكبت التراكيز المنخفضة لليوريا نشاط LDH في كلا المصلين

بصـورة تنافسية ، وتكون نسبة الكبت اعلى بقليل في المصــــل
الطبيعي عنها في المصل المرضي ، ولكن عند استعمـال تراكيـــز
مرتفعة من اليوريا كانت النسبة المئوية لكبت اليوريا نشاط LDH
في المصل المرضــي ٥٥ ٪ بينما بلغت في المصل الطبيعـــــي
٣٧ ٪ فقــــط .

References

R E F E R E N C E S

1) David, L.B. (1965) in Textbook of Parasitology, 3rd ed., PP. 197-229, Appleton - Century - Crofts, New York.

2) Wilcocks and Manson Bahr (1972) in Manson's Tropical Disease, 17th ed., PP. 119-133, Baillies Tindall, London.

3) Adams and Maegraith (1971) in Clinical Tropical Diseases, 5th ed., PP. 172-180, Blackwell Scientific Publication, London .

4) Pringle, G. (1957), Bull. End. Dis. 2, 41-76.

5) Mansor, N.S. , Stauber, L.A. and McCoy, J.P. (1956), J. Parasitology 56, 468 - 472 .

6) Abdul - Rahman, N.K. (1977) M.Sc. Thesis, College of Science, University of Baghdad.

7) Houston, Joines, and Trounce, (1972) in A Short Textbook of Medicine, 4th ed., P. 519, Unibooks, London.

8) Taj-Eldin, S., Al-Hassani, M. (1961), J. Fac. Med. 3(1),1-9.

9) Lowe, G.C. and Cooke, W.E. (1926), Lancet ii, 1209.

10) Kulz, L. (1916), Arch. Schiffs Tropenhyg. 20, 487-502.

11) Taj-Eldin, S. and Alousi, K. (1954), J. Fac. Med. 18, 15-19.

12) Bashir, Y. (1954), Bull. End. Dis. 1, 77-80.

13) Kirshmair, H. (1954), J. Iraqi Med. Prof. 2, 50-55.

14) Pringle, G. (1956), Bull. End. Dis. 1, 275-294.

15) WHO Report EM/PD/7.

16) Sukkar, F. (Head of the Kala-azar Section, Institute of Endemic
    Diseases), Personal Communications.

17) Taj-Eldin, et al . (1969), J. Fac. Med. 2,7-15.

18) Nouri, L., Al-Jeboori, T. (1973), J. Fac. Med., 15,72-85.

19) Sukkar, F. (1972), Bull. End. Dis. 13,77-83.

20) Sukkar, F. (1974), Bull. End. Dis. 15, 85-104.

21) Wenyon, C.M. (1911), Parasitology. 4, 273-345.

22) Chadwich, C.R., and Machetti, C. (1927), Trans. R.Soc. Trop . Med.
    Hyg. 20, 422-432.

23) Bray, R.S., and Dabbagh, M.A. (1968), J.Trop. Med. Hyg. . 71,46-47.

24) Bray, R.S., Abdul-Rahim, G.F. and Taj-Eldin, S.(1967), Protozoology: 2,171-186.

25) Al-Adhami, B.H. (1974), M.Sc. Thesis, College of Science, University of Baghdad .

26) Jopling, W.H. (1955), Br. Med. J.. iii, 1013.

27) Steck Edgar, A., (1974), Forsch. Arznelmitteforsch. 18,289-351

28) WHO Citation List (1976) on Biochemical Aspects of Kalaazar, No. 1491.

29) Roccuzzo, M.(1948),Riv. Pediat. Siciliana. 3,180-5 (Abstract).

30) Paradiso, F. and Roccuzzo, M.(1946), Riv. Pediat. Sicillana, 1,60-2 (Abstract).

31) Cantarow and Trumper (1975) in Clinical Biochemistry, 7th ed., P.303, Saunders-Philadelphia, London, Toronto.

32) Averso, T.(1948), Riv. Pediat. Siciliana 3,387-9 (Abstract).

33) Antonio Crosea (1948), Riv. Pediat. Siciliana.3,384-5 (Abstract).

34) Tahernie, A.C. and Jalayer, T.(1968), Ann. Trop. Med. Parasit.: 62(2), 171-173.

35) Chatterjea, J.B., and Sen Gupta, P.C. (1970), J. Ind. Med. Ass. 54(12), 541.

36) Van Peenen, Mish, I.L. (1962), J.Trop. Med. Hyg. 65,191-5.

37) Knight, R., Woodruff, A.W. and Pettit, L.E.,(1967), Trans.R. Soc. trop. Med. Hyg. 61,706

38) Rassam, S.W. and Al-Jebbori, T.I. (1973), J.Fac. Med. 15,87-90.

39) Hicsonmez, G., and Ozsoylu, S. (1972), Clin. Pediat. 11(8), 465-467.

40) Caponetti, R., and Ceta, G. (1966), Aagiornamento Pediat.,17(10), 407-14.

41) Wilson, A.C., Cahn, R.D. and Kaplan, N.O. (1963), Nature(Lond.). 197,331.

42) Thorpe, W.V., Bray, H.G., and James, S.P.(1964) in Biochemistry for Medical Students, 8th ed., PP.243-246, J. and A. Churchill LTD, London.

43) Pesce, A., McKay, R.H., Stolzenbach, F.E., Cahn, R. Dand Kaplan, N.D.(1964), J. Biol. Chem. 239, 1753.

44) Cahn, R.D., Kaplan, N.O, Levine, L. and Zwilling, E.(1962), Science 136,962.

45) Markert, C.L., and Apella, E.(1963), Ann. N.Y. Acad. Sci.. 103, 915.

46) Goldberg, E.(1963), Science. 139, 602.

47) Stambaugh, R., and Buckley, J. (1967), J.Biol. Chem. 242,4053.

48) Plagemann, P.G.W, Gregory, K.F. and Wróblewski, F.(1960), J.Biol.Chem. 235,2282.

49) Vesell, F.S., and Bearn, A.G.(1961), J.Clin. Invest. 40,586.

50) Lowenthal, A.; Van Sande, M. and Karcher, D.(1961), Ann.N.Y. Acad. Sci. 94,988.

51) Wróblewski,F. and Gregory, K.F.(1961), Ann. N.Y. Acad. Sci. 94, 912.

52) Wieme, R.J. and Van Maercke, Y. (1961), Ann. N.Y. Acad.Sci.: 94, 898.

53) Malaskova, V. and Holeysovska, H.(1969), Clin. Chim. Acta. 24,39.

54) Fisher, C.L., and Nixon, J.C. (1967), Clin. Biochem., 1,34-41.

55) Hess, B. (1958), Ann. N.Y. Acad. Sci. 75, 292.

56) Latner, A.L., and Skillon, A.W.(1961), Lancet ii, 1286.

57) Gonzalez, I.E.(1964), Am. J. Clin. Path 42,530.

58) Cohen, L., Djordjerich, J. and Ormiste, V. (1964), J. Lab.Clin. Med.. 64,355.

59) Woerner, W., and Martin, H. (1961), Klin. Wschr. 39,368.

60) Emerson, P.M., and Wilkinson, J.H. (1966), Brit. J. Haematol. 13,678.

61) Fleming, A.F., and Elliot, B.A. (1964), Brit. Med. J.: ii, 1108.

62) Elliot, B.A., and Wilkinson, J.H. (1963), Clin. Sci. 24,343.

63) Hill, B.R., and Levi, C. (1954), Cancer Res.. 14, 513.

64) Stark weather, W.H., and Schoch, H.K. (1962), Biochem. Biophys. Acta.. 62,440.

65) West, M., and Zimmerman, H.J. (1958), J.Lab.Clin Med.. 52,185.

66) Rassam, M.B (1976), MSc. Thesis, College of Science, University of Baghdad.

67) Banner, M.R. and Rosalki, S.B.(1967),Nature.213,726.

68) Green, D.E and Brosteaux, J.(1936), Biochem,J..30,1489.

69) Everse, J. and Kaplan, N.O (1973) in Advances in Enzymology, vol. 37,PP. 61-133 (Meister, A. ed.), Wiley, New York.

70) Warren, W.A. (1970), J.Biol. Chem. 245, 1979.

71) Pesce, A., Fondy, T.P.,Stolzenbach, F., Castillo, F. and Kaplan, N.O. (1967), J.Biol. Chem. 242, 2151.

72) Nisselbaum, J.S., and Bodansky, O.(1961),J.Biol. Chem. 236,323.

73) Plagemann, P.G. W, Gregory, K.F. and Wroblewski, F.(1961), Biochem. Z., 334,37.

74) Standjord, P.E., Clayson, K.J. and Freier, E.F. (1962),J.Am. Med. Ass.. 182, 1099.

75) Vessel, E.S. and Yielding , X.L.(1968), Ann, N.Y.Acad. Sci. 151, 678.

76) Fritz, P.J. (1965), Science 150,364.

77) Gay, R.J., McComb, R.B., and Bowers, E.V. (1968), Clin. Chem. 14(8), 740-53.

78) Stambough, R., and Post, D.(1966), J.Biol.Chem.,241(7),1462.

79) Orleans - Harding, G., *and* Mahler, R.(1968), Biochem.J.
107(4), 31P-32p.

80) Fritz, P.J. (1967), Science 156,82.

81) Moldoveanu, N.,*and* Tanasescu, D.(1972), Biochem. Exp.Biol.
10(3), 201-7.

82) Plummer, D.T. and Wilkinson,J.H (1963), Biochem.J.,87 ,423.

83) Pfleiderer, G.and Jeckel, D.(1957), Biochem. Z. 329,370.

84) Emery, A.,Moores, G.,*and* Henderson,V.(1968),Clin. Chim.Acta 19,
159-161.

85) Rosalki, S.B., *and* Wilkinson, J.H.(1960), Nature 188,1110.

86) Henry, R.J.,Chiamori,N.,Golub,O. and Berkman,S.(1960),
Amer.J.clin.Path. 34(4),381.

87) Karmen,A.(1955),J.Clin.Invest..34,131.

88) Rosalki,S.B.(1967),J.Lab.Clin.Med,69,696.

89) Wróblewski,F.,*and* La Due,J.S.(1955),Proc. Soc. *Exp.* Biol. Med.,
90,210.

90) Lineweaver,H. and Burk,D.(1934),J.Amer.Chem. Soc.,56,658

91) Hanes,C.S.(1932), Biochem.J. 26,1406.

92) Eisenthal,B. and Cornish-Bowden,A.(1974),Biochem.J. 139, 715-720.

93) Bell,R.L.(1963),Tech. Bull. Registry Med. Technologists 33(7),118-23.

94) Heyrovsky,J. and Zumen,P.(1968) in Practical Polarography, P.179,Academic Press, London.

95) Pauline,M.E. and Wilkinson,J.H.(1965),J.Clin.Path. 18, 803-807.

96) Berger_meyer, H.U.(1974) in Methods of Enzymatic Analysis, 2nd. ed.,Vol.2,PP.590-593, Academic Press Inc., New York and London.

97) Webb,J.L.(1963), in Enzyme and Metabolic Inhibitors, Vol.1, P.160, Academic Press, New York and London.

98) Shaw,L.M. and G$_r$ay,J.(1974),Clin. Chem. 20(4),494-496.

99) Keele, C.A. and Neil,E.(1966) in Samson's Wright's Applied Physiology,11th. ed., P.370, Oxford University Press, London.

100)Wróblewski,F. and La Due,J.S.(1956),Proc.Soc. Exp.Biol. Med.,91,569.

101) Wilkinson,J.H.(1976) in The Principles and Practice of
Diagnostic Enzymology, P.93, Arnold, London.

102) Ibid. P.97.

103) Rosalki,S.B. and Wilkinson,J.H.(1964),J.Amer.Med. Ass..
189,61.

104) Preston,J.A.,Batsakis,J.G. and Briere,R.D.(1964),Amer.
J.Clin. Path. 41,237.

105) Wunch,T., Vesell,E.S., and Chen,R.F.(1969),J.Biol.Chem..
244(22),6100.

106) Dixon,M. and Webb, C.E.(1966), in Enzymes,2nd. ed.,PP.
63-67, Longmans, London.

107) Briggs, G.E. and Haldene, J.B.S.(1925), Biochem.J..
19,338.

108) Wilkinson,J.H. and Withycombe,W.A.(1965), Biochem.J..
97,663.

109) Beautyman, W.(1962), Lancet.ii,305.

110) Vesell, E.S.(1965),Science. 148,1103,

111) Lubrano,T.,Dietz,A.A. and Rubinstein,H.M.(1971),
Clin. Chem.. 17,882.

112) Plummer,D.T.,Elliott,B.A., Cooke,K.B. and Wilkinson, J.H.(1963), Biochem.J..97,416.

113) Dixon,M. and Webb, C.E.(1966) in Enzymes, 2nd. ed., PP.116—145, Longmens, London.

114) Ibid.P.144.

115) Winer,A.D. and Schwert, G.W.(1958),J.Biol.Chem. 231, 1065.

116) Dixon, M. and Webb, C.E.(1966) in Enzymes , 2nd ed., P.75, Longmans, London.

117) Kaplan,N.O., Everse, J. and Admiral,J.(1968),Ann. N.Y. Acad. Sci, 151,400.

118) Withycombe, W.A., Plummer,D.T. and Wilkinson,J.H.(1965), Biochem. J.. 94,384.

119) Novoa, W.B,, Alfred,W.D.,Glaid, A.J. and, Schwert,G. W.(1959), J.Biol.Chem..234, 1143.

120) Dixon, M. and Webb, C.E.(1966) in Enzymes, 2nd. ed., P.75, Longmans, London.

121) Richterich, R., Schafroth, P. and Aebi, H.(1963), Clin. Chim. Acta 8, 178-192.